U0876171

记忆魔法书

让记忆力提升80%的
7堂课

黄玉强
著

中国纺织出版社

内 容 提 要

作为资深记忆培训专家，黄玉强老师在本书中向读者介绍了能让记忆提升80%的方法。开发右脑是超级记忆的关键因素，掌握遗忘规律、记忆的特性并充分进行呈像训练，你就为超级记忆作好了准备。黄老师重点介绍的实用超级记忆法有数字特征记忆法、联想记忆法、理解记忆法、概括记忆法和歌诀记忆法，灵活运用这些方法足以让你应对日常生活学习中的一切记忆难题，而世界脑力锦标赛是检验你记忆力的终极赛场。针对学生的记忆难题，黄老师还专门讲到单词记忆和文章记忆。

图书在版编目（CIP）数据

记忆魔法书：让记忆力提升80%的7堂课 / 黄玉强著. —北京：中国纺织出版社，2019.3
ISBN 978-7-5180-5907-2

Ⅰ. ①记… Ⅱ. ①黄… Ⅲ. ①记忆术 Ⅳ. ①B842.3

中国版本图书馆CIP数据核字（2019）第013400号

策划编辑：郝珊珊　　责任印制：储志伟

中国纺织出版社出版发行
地址：北京市朝阳区百子湾东里A407号楼　邮政编码：100124
销售电话：010—67004422　传真：010—87155801
http：//www.c-textilep.com
E-mail：faxing@c-textilep.com
中国纺织出版社天猫旗舰店
官方微博http://weibo.com/2119887771
三河市延风印装有限公司印刷　各地新华书店经销
2019年3月第1版第1次印刷
开本：710×1000　1/16　印张：13.5
字数：384千字　定价：48.00元

凡购本书，如有缺页、倒页、脱页，由本社图书营销中心调换

前言

21世纪，人类进入一个崭新的时代，以知识经济为主导的社会发展模式展现在人们面前，人们需要更快、更多、更牢固地学习、掌握各类知识。人们对时间、对知识的渴望从来没像今天这样迫切过。时间就是金钱！知识就是金钱！在今天更是淋漓尽致地体现出来。谁能在最短的时间内掌握一门知识或技能，谁就会成为新世纪社会的排头兵。而缩短学习时间最快捷的方式，就是要掌握快速记忆的方法。缩短记忆时间，可以在短时间内掌握大量内容。

古今中外，大凡在社会各个领域中有所建树的人，大都具有很强的记忆力。可以说要想成就一番事业，如果没有良好的记忆力做保障是很难的。尤其处于现今信息大爆炸的年代，要想不被社会淘汰，就要不断地学习，正如老话说的：活到老学到老。而面对那么多需要记住的东西，若采用传统枯燥、死记硬背的机械学习方法，很难想象何时才能达到既定的目标。不掌握科学、快速的记忆方法，费时费力的学习速度又怎能跟得上信息时代的步伐！

随着参加各类资格考试的人数增多，现代人几乎一夜间就扎进了书山题海里，需要记忆的东西越来越多。在校学生感到学习紧张、压力大；已参加工作的人要静下心来学习更是难上加难：他们既要工作，又要照顾家庭、子女、老人，等到能抽出时间看书的时候却不是犯困，就是感到腰酸腿疼，只想躺下休息一会儿，所以要拿下个职称、学历得付出多大的代价啊！很多人已意识到了要学习、要“充电”，但能意识到应先掌握一套快速记忆的方法的人却并不多。这一方面与没有好的相关图书有关，另一方面也与人的意识有关。

要知道“工欲善其事，必先利其器”“磨刀不误砍柴工”，掌握了快速记忆的方法，记忆任何东西都会事半功倍。

超级记忆法能将学习内容化枯燥为有趣，化艰辛为轻松，使大家在轻松愉悦的心态下快速掌握学习内容，彻底消除对学习中令人畏惧的“背”功的恐惧感，制服学习、记忆中的拦路虎。

推广超级学习方法的目的，就是给那些还在“学海”中苦苦挣扎的学子们和总抱怨自己记性不好的人们送去一叶带领他们脱离“苦海”的方舟。同时把那些勤奋上进、超越自我的人们捎到理想的彼岸。乘坐在“超级”号快轮上的人们都将能迅速、顺利地到达目的地！

2018年12月

目　录

第一堂课——超级记忆的基础

第一节　右脑开发是超级记忆的关键因素

美国加州理工学院心理生物学教授罗杰·斯佩里（R.W.Sperry）经过40年的研究发现，“人的左半脑和右半脑是有明显分工的”，因此获得1981年诺贝尔生理学奖。

联合国倡导在21世纪全面开启人类智慧工程——全脑工程。而全脑工程的实质和核心就是开发人的右脑，特别是儿童的右脑。研究表明，人的左右脑分管不同的功能，左脑称为“学术脑”，主要负责语言、逻辑、数学和分析等功能，简单地说就是运用逻辑思维把事情条理化。在幼儿时期，通过训练孩子背诵儿歌和诗词、学习生字、练习简单的加减法等都能刺激孩子的左脑发育。右脑又称“艺术脑”，主管韵律、图画、想象、

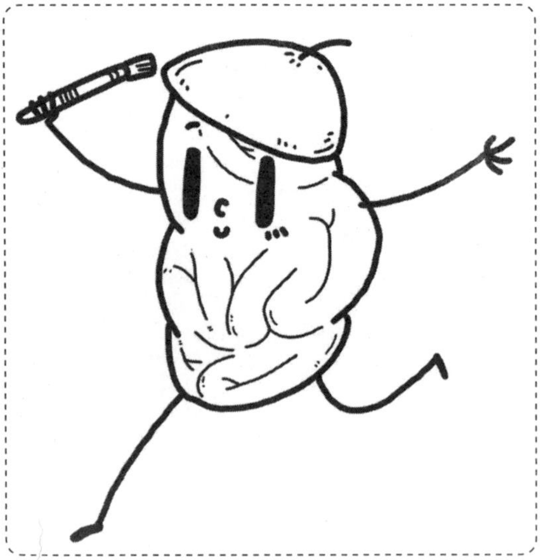

情感、创造力。孩子是否具有创造力和想象力，右脑起着重要作用。通过舞蹈训练、画画、听音乐以及让孩子做简单的设计等，都对右脑开发有极大帮助。

左半脑

思考模式是语言逻辑型，主管理性思维：

◎人的逻辑思维（分析和推理等）、数学、次序、语言和情绪（区分悲伤、同情和感激等）；

◎右侧身体的感知和运动；

◎说话、阅读、书写和倾听。

右半脑

思考模式是视觉图像型，主管感性思维：

◎节奏、旋律、音乐、图像和幻想；

◎左侧身体的感知和运动；

◎表象、想象和直觉！

右脑的作用

★右脑是祖先脑

右脑有一个重要功能，即保留和储存通过遗传祖先因子留给后代的全部信息，因而被称为“祖先脑”。右脑储存的祖先遗传因子，随时随地都向后代“指示”该怎样做、不该怎样做。与右脑有别，左脑则储存着出生以后所有信息的“自身脑”。

★右脑是无意识脑

右脑是人类精神生活的深层基础，而左脑是“意识的”心理过程的中枢。做梦、顿悟、灵感等“无意识”的心理过程，主要是右脑的功能，而左脑不会“说话”，缺乏语言功能。

★右脑是节能脑

右脑不需要很多能量就能高效率地工作，这与它独特的处理信息方式密切相关。右脑储存的信息是左脑的10万倍，这使得它处理信息的方式与左脑有别。右脑用表象思维，左脑用语词思维。右脑信息处理机制是空间依赖的、同时的、并行的，左脑是时间依赖的、序列的、串行的；右脑是形象的、直觉的，左脑是逻辑的、理性的；右脑是描述的、模拟的，左脑是分析的、数字的。

★右脑是行动脑

人类的行为，特别是大量情绪性行为，均处于右脑的控制之下。右脑的直觉判断不是以一个步骤接着一个步骤的方式达到的，而是顷刻之间达到的。右脑这种“整体审视、瞬间判别”的高度组织特性，有利于人类趋利避害。

★右脑是创造脑

人类的创造之魂在右脑。右脑的祖先因子、10万倍于左脑的信息量以及迅捷高效的信息处理方式，使它具备了卓绝的创造天性。

现代社会需要创造型人才，而所谓的创新能力或者说创造力实际上就是把头脑中那些被人认为毫无关联的情报信息联结起来的能力。而右脑是先天的人类记忆宝库，是储存500万年人类智慧的基础软件，因此科学家们说右脑

0
请问各位同学
这是什么？
大学中文系
我才不回答呢！
傻瓜都知道这是什么。
初二一班
是英文字母O
是零！
一年级一班
是句号
是月亮
我觉得像烧饼

是创新能力的源泉。

相当一部分人往往忽视了右脑的重要性，扼杀了右脑的想象力，有一老师用粉笔在黑板上画一个圆圈，请被测试者回答这是什么。当问到大学中文系学生时，他们哄堂大笑，拒绝回答这个只有傻瓜才回答的问题。当问到初中生时，一位尖子生举手回答："是零。"一位差生喊道："是英文字母O。"而他却遭到班主任的批评。最后，当问到小学一年级的学生时，他们异常活跃地回答："句号""月亮""烧饼""乒乓球""老师生气的眼睛""我家门上的猫眼"……事后，人们给这个测试起了个题目："人的想象力是怎样丧失的？"忽视右脑开发，忽视创新思维培养，就会扼杀了人们的想象力。

开发右脑潜能的方法

下面为大家介绍一些简便易操作的开发孩子右脑潜能的方法。

★看云

云朵是立体的，但是由于人们往往只注意其轮廓，所以感觉不到其立体形象。如果能让孩子常常盯住它们看，久而久之，就能看出其立体层次，这是让孩子利用空间认识锻炼右脑最好的方法。

★听童话故事

听爸爸妈妈讲故事时，孩子会不由自主地随着情节的发展想象故事中的人物、场面和情景，这对右脑的图形思维能力有很好的促进。

★下棋

教会孩子下棋，锻炼孩子努力记住棋盘上厮杀的局面，这对于孩子的右脑将产生很好的刺激。

★改变行走路线

不要总是带孩子走一成不变的路线，在接送孩子上幼儿园、去爷爷奶奶家或是晚上散步时要经常有意识地改变路线。因为第一次走过的街道、周围的景物都是新鲜的，这对右脑很有好处。过一段时间后，再来“故地重游”，走走老路，检验一下孩子把这些景物记住了多少。

★看画和绘画

绘画的感觉是右脑的重要机能。当孩子目不转睛地注视着展览会上的绘画作品尽情欣赏并陶醉其中时，他的右脑正在工作。不必要求孩子注意作者的名字或评价作品的好坏。孩子作画时，鼓励他们随心所欲，不受任何框框的限制。许多富于开拓性、创造性的人都不同程度地喜欢绘画，由此也可看出绘画对活化右脑的良好作用。

★学习汉字

1982年5月，心理学家查德·林博士在英国著名的科学杂志《自然》上发表文章，在世界上引起强烈轰动。对英、美、法、西德、日本5国儿童测查的结果，欧美4国的儿童智商平均为100，而日本儿童平均智商为111，原因是日本儿童学习了汉字。日本的石井勋教授在其《幼儿智力开发法》一书中告诉我们：经过他多次反复测试的结果，日本的孩子小时候如果不学汉字，他的智商也和欧美儿童一样是100。但是学习了汉字，情况就不同了：如果从5岁开始学起，到入学前一年，智商能达到110；要是从4岁开始学起，学两年，智商能达到120；若从3岁开始学习三年，智商能达到125~130。诺贝尔物理学奖获得者杨振宁博士在4岁时母亲就开始教他识字，在一年多的时间里就认识了3000多个汉字，早期的教育给了他一笔巨大的财富，后来他回忆说："现在我所认识的字加起来，估计不超过那个数目的两倍。"

科学家们早已发现，生活中95%的人仅仅只使用了自己的左脑。科学家们指出，终其一生，大多数人只运用了大脑功能3%～4%，其余的96%~97%都蕴藏在右脑的潜意识之中，这是一个多么令人吃惊和遗憾的事实啊！

第二节　艾宾浩斯遗忘曲线

我们都知道，每个人的大脑都是一个记忆的宝库，人脑经历过的事物、思考过的问题、体验过的情感和情绪、练习过的动作，都可以成为人们记忆的内容。例如英语学习中单词、短语和句子，甚至文章的内容都是通过记忆完成的。从“记”到“忆”是有个过程的，这其中包括了识记、保持、再认和回忆。有很多人在学习英语的过程中，只注重了学习当时的记忆效果，殊不知，要想做好学习的记忆工作，是要下一番功夫的，单纯注重当时的记忆效果，而忽视了后期的保持和再认是达不到良好效果的。

在信息的处理上，记忆是对输入信息的编码、贮存和提取的过程，从信息处理的角度讲，英语的第一次学习和背诵只是一个输入编码的过程。人的记忆能力从生理上讲是十分惊人的，它可以存贮1015比特（byte，字节）的信息，可是每个人的记忆宝库被挖掘的通常只有10%，还有更多的记忆发挥空间。这是因为，有些人只关注了记忆的当时效果，却忽视了记忆中更大的问题——即记忆的牢固度问题，这就涉及心理学中常说的记忆遗忘的规律。

艾宾浩斯遗忘曲线解读

德国有一位非常著名的心理学家名叫艾宾浩斯（Hermann Ebbinghaus，1850—1909），他在1885年发表了他的实验报告后，记忆研究就成了心理学中被研究最多的领域之一，而艾宾浩斯正是发现记忆遗忘规律的第一人。

记忆的保持在时间上是不同的，有短时记忆和长时记忆两种。我们平时的记忆的过程是这样的：输入的信息在经过人的注意过程的学习后，便成为人的短时记忆，但是如果不经过及时的复习，这些记住过的东西就会遗忘，而经过了及时的复习，这些短时记忆就会成为人的一种长时记忆，从而在大脑中保持很长的时间。那么，什么是遗忘呢，所谓遗忘就是我们对于曾经记忆过的东西不能再认起来，也不能回忆起来，或者错误地再认和错误地回忆，这些都是遗忘。

艾宾浩斯在做这个实验的时候是拿自己作为测试对象的，他得出了一些关于记忆的结论。他选用了一些根本没有意义的音节，也就是那些不能拼出单词来的众多字母的组合，比如asww，cfhhj，ijikmb，rfyjbc等。他经过对自己的测试，得到了一些数据。

然后，艾宾浩斯又根据了这些点描绘出了一条曲线，这就是非常有名的揭示遗忘规律的曲线——艾宾浩斯遗忘曲线，见下图。图中竖轴表示学习中记住的知识数量，横轴表示时间（天数），曲线表示记忆量变化的规律。

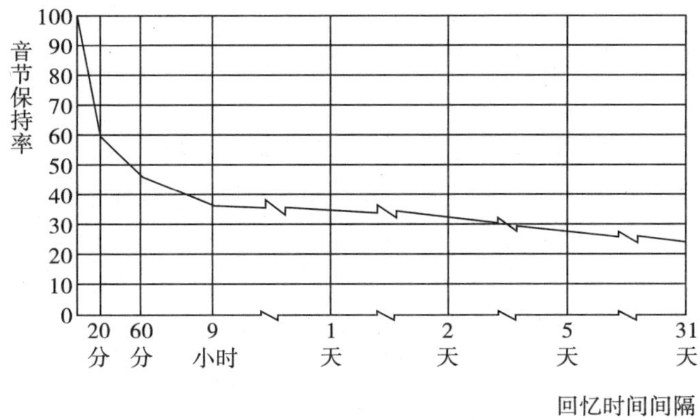

这条曲线告诉人们，学习中的遗忘是有规律的，遗忘的进程不是均衡的，不是固定地一天丢掉几个，转天又丢几个的，而是在记忆的最初阶段遗忘的速度很快，后来就逐渐减慢了，到了相当长的时候后，几乎就不再遗忘了，这就是遗忘的发展规律，即“先快后慢”的原则。观察这条遗忘曲线，你会发现，学到的知识在一天后，如不抓紧复习,就只剩下原来的25%。随着时间的推移，遗忘的速度减慢，遗忘的数量也就减少。有人做过一个实验，两组学生学习一段课文，甲组在学习后不久进行一次复习，乙组不予复习，一天后甲组保持98%，乙组保持56%；一周后甲组保持83%，乙组保持33%。乙组的遗忘平均值比甲组高。

不同性质材料有不同的遗忘曲线

而且，艾宾浩斯还在关于记忆的实验中发现，记住12个无意义的音节，平均需要重复16.5次；为了记住36个无意义音节，需重复54次；而记忆六首诗中的480个音节，平均只需要重复8次！这个实验告诉我们，凡是理解了的知识，就能记得迅速、全面而牢固，死记硬背是费力不讨好的。因此，比较容易记忆的是那些有意义的材料，而那些无意义的材料在记忆的时候比较费力气，在以后回忆起来的时候也很不轻松。

艾宾浩斯遗忘曲线是关于遗忘的一种曲线，而且是对无意义的音节而言的，通过与其他材料的对比，艾宾浩斯又得出了不同性质材料的不同遗忘曲线，不过它们大体上都是一致的。因此，艾宾浩斯的实验向我们充分证实了一个道理，学习要勤于复习，而且记忆的理解效果越好，遗忘得也越慢。

个性化的艾宾浩斯曲线

上述的艾宾浩斯记忆曲线是艾宾浩斯在实验室中经过了大量测试后，产生了不同的记忆数据，从而生成的一种曲线，是一个具有共性的群体规律。此记忆曲线并不考虑结合试验个人的个性特点，而是寻求一种处于平衡点的记忆规律。

但是记忆规律可以具体到我们每个人，而我们的生理特点、生活经历不同，可能导致我们有不同的记忆习惯、记忆方式、记忆特点。规律对于自然人改造世界的行为，只能起到一个催化的作用，如果与个人的记忆特点相吻合，那么就如顺水扬帆，一日千里；如果与个人记忆特点相悖，记忆效果则就会大打折扣。因此，我们要根据每个人的不同特点，寻找到属于自己的艾宾浩斯记忆曲线。

经过人们的反复验证，发现学习新知识后的20分钟、1小时、24小时是遗忘速度最快的3个区段，分别遗忘了42%、56%、66%。之后的1个月内遗忘率稳定在72%～79%。所以，学习后的20分钟、1小时、24小时内的复习是最关键的，在这个区段内复习，事半功倍，过了这个时间再复习就费劲了。

第三节　超级记忆法的特点

记忆，是学习的重要环节，是巩固知识的重要手段。科学记忆，有利于提高学习效率，有利于加速知识积累。因此，要提高学习效率，加速知识积累，就要学会科学地记忆。

超级记忆法的特点

★简洁明了，以实例详解各种记忆方法

超级记忆法从实用出发，摒弃了空洞的说教，运用大量的实例来具体、详细地讲解每种记忆方法。超级记忆法倡导简洁实用，快速有效，即“又说又练才是真把势”。

★寓教于乐，轻松记忆

学习对大多数人来说是件苦差，眼睛盯着书，思绪却不知不觉地“远走高飞”了。很多学生是在临考前才开始卖力地“磨枪”，的确，若不掌握科学的记忆方法、规律，刚看完不久的东西眨眼就忘，令人气馁，于是便出现

“反正现在背完也忘，还不如在临考前再背”的念头。超级记忆法所运用的记忆方法要生动、轻松、有趣得多，往往是让你在轻松愉快的状态下不知不觉就记住了所要记的东西，并能保持很长时间。尤其是在“临阵磨枪”阶段，常常能在短时间内记住大量内容。虽然我们不赞成等到“临阵”才“磨枪”，但是超级记忆法却是你考场作战的胜利保证，它运用独特、生动、有趣的联想方法，可帮助你轻松、准确地记住大量的历史年代、历史事件以及生物、地理、政治等学科知识。在你掌握了后面的具体方法后，就会体验深切。

★拥有超级记忆会使你充满自信

超级记忆法把艰辛枯燥的记忆变成了一项简单轻松的工作，让你有如释重负之感，再次面对书本时往往会从心底升起一股自信，昔日的负担一下变成了消遣！掌握了超级记忆法的趣味性演示后，朋友聚会时给大家来个即兴表演，当你一口气记住几十、上百项内容并能倒背如流地随意说出第几项是什么词时，从大家钦佩的掌声中，你的个人魅力无形中也得到了提升。更重要的是，超级记忆法从此会始终在你的生活学习中关心、支持你，为你的人生喝彩加油！

★增智开慧，开发大脑潜能

超级记忆法不仅能提高记忆力，而且通过独有的增智开慧的方法可以快速有效地补充大脑能量、迅速缓解大脑疲劳，确保你能在头清眼亮的条件下高速运转大脑，达到最佳的记忆状态。坚持特殊方法的练习，可开发左右脑，充分挖掘大脑潜能。

★揭示科学记忆的规律和方法

机械记忆真的一无是处吗？非也！若掌握了记忆的规律、特点，不用超级记忆法，也会收到一定的效果，只不过其速度与超级记忆法相比要有很大的差距罢了。超级记忆法既传授快速记忆的方法，又传授一些科学的记忆规律，这样双管齐下，对于提高记忆力更是锦上添花、如虎添翼。其实，成功并非遥不可及，选定目标，锲而不舍，成功在平实中唾手可得。来得快的成功，通常走得也快，要获得一辈子的幸福，就需付出一辈子的劳动。不要以为，只有肉体的磨炼才叫劳动，从根本意义上讲，心灵的磨炼才更为重要！

第四节 如何加强记忆力

尽管科学家一个接一个的科研成果让我们对记忆有了越来越多的了解，但直到今天，科学家所发现的所谓大脑的秘密也只是冰山一角，在很大程度上，大脑和记忆仍是神秘的。研究人员认为，记忆是一个过程，并且当你记忆的时候，实际上就是把保存在大脑中零零碎碎的信息进行重建。但让人不解的是，究竟是什么东西引发大脑开始这个重建过程？这个谜团继续等待科学家们去寻找答案，但有18个事实是科学家们已经证实了的。

1.大脑喜欢色彩。平时多使用高质量的有色笔或使用有色纸，颜色能帮助记忆。

2.大脑需要休息，才能学得快，记得牢。如果你感到很累，先拿出20分钟小睡一会儿再继续学习。

3.大脑像发动机，它需要燃料。大脑是一台珍贵而复杂的机器，所以你必须给它补充“优质燃料”。垃圾食品、劣质食品、所有化学制品和防腐剂，不仅损害身体，还削弱智力。英国一项新研究显示，饮食结构会影响人的智商。

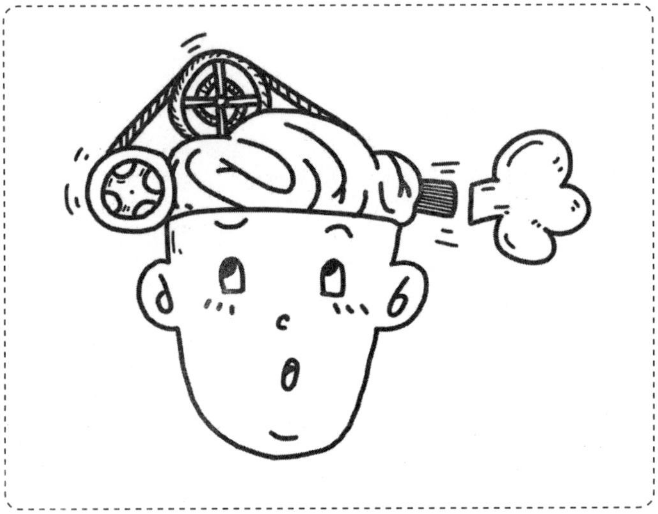

4.大脑是一个电气化学活动的海洋。电和化学物质在水里能更好地流动，如果你脱水，就无法集中精力。专家建议，日常生活要多喝水，保持身体必需的水分，而且一天内最好不要饮用相同的饮料，可以交换着喝矿泉水、果汁和咖啡等。另外，研究资料显示，经常性头痛和脱水有关。

5.大脑喜欢问题。当你在学习或读书过程中提出问题的时候，大脑会自动搜索答案，从而提高你的学习效率。从这个角度说，一个好的问题胜过一个答案。

6.大脑和身体有它们各自的节奏周期。一天中大脑思维最敏捷的时间有几段，如果你能在大脑功能最活跃的时候学习，就能节省很多时间，并取得很好的学习效果。

7.大脑和身体经常交流。如果身体很懒散，大脑就会认为你正在做的事情一点都不重要，大脑也就不会重视你所做的事情。所以，在学习的时候，你应该端坐、身体稍微前倾，让大脑保持警觉。

8.气味影响大脑。香料对保持头脑清醒有一定功效。薄荷、柠檬和桂皮都值得一试。

9.大脑需要氧气。经常到户外走走，活动一下身体。

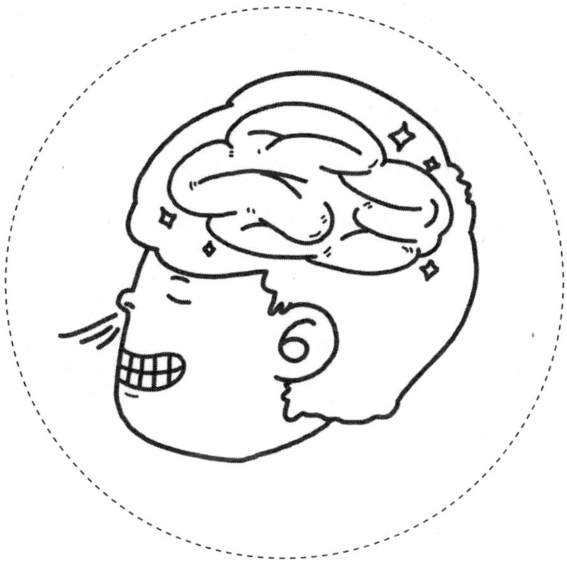

10.大脑需要空间。尽量在一个宽敞的地方学习，这对你的大脑有好处。

11.大脑喜欢整洁的空间。最近的研究显示，在一个整洁、有条有理的家庭长大的孩子在学业上的表现更好。因为接受了安排外部环境的训练后，大脑学会了组织内部需要的技巧，人的记忆力就会更好。

12.压力影响记忆。当你感受到压力时，体内就会产生皮质醇，它会杀死海马状突起里的脑细胞，而这种大脑侧面脑室壁上的隆起物在处理长期和短期记忆上起主要作用。因此，压力影响记忆。

13.大脑并不知道你不能做哪些事情，所以需要你告诉它。用自言自语的方式对大脑说话，但不要提供消极信息，试着用积极的话代替它。

14.大脑如同肌肉。无论哪个年龄段，大脑都是可以训练和加强的，不要寻找任何借口。不要整天待在家里无所事事，这只能使大脑老化的速度加快。专业运动员每天都要训练，才能有突出表现，所以你一定要“没事找事”，不要让大脑老闲着。

15.大脑需要重复。每一次回顾记忆间隔的时间越短，记忆的效果越好，因为多次看同一事物能加深印象，但只看一次却往往容易忘记。

16.大脑的理解速度比你的阅读速度快。用铅笔或手指辅助阅读吗？不，用眼睛。使用这种方法的时候，需要你的眼睛更快地移动。

17.大脑会归类，也会联系。如果你正在学习某种东西，不妨问问自己：它让我想起了什么？这样做能帮助你记忆，因为大脑能把你以前知道的知识和新知识联系起来。

18.大脑喜欢开玩笑。开心和学习效率成正比，心情越好，学到的知识就越多，所以，让自己快乐起来吧！

第二堂课

超级记忆的相关因素

第一节　记忆的黄金时间

生物钟又称生理钟。它是生物体内的一种无形的“时钟”，实际上是生物体生命活动的内在节律性，它是由生物体内的时间结构序所决定的。研究证明，合理利用生物钟，掌握最佳学习时间，能有效提高工作效率和学习效率。

一天中什么时候人的记忆力最好呢？什么时候才是最佳学习时间呢？据生理学家研究，人的大脑在一天中有一定的活动规律：

6～8点：机体休息完毕并进入兴奋状态，肝脏已将体内的毒素全部排净，头脑清醒，大脑记忆力强，此时进入第一次最佳记忆期。

8～9点：神经兴奋性提高，记忆仍保持最佳状态，心脏开足马力工作，精力旺盛，大脑具有严谨、周密的思考能力，可以安排难度大的攻坚内容。

10～11点：身心处于积极状态，热情将持续到午饭，人体处于第一次最佳状态。此时为内向性格者创造力最旺盛时刻，任何工作都能胜任，此时虚度实在可惜。

12点：人体的全部精力都已调动起来。全身总动员，需进餐。此时对酒精仍敏感。午餐时参加酒席，会让下午的工作受到重大影响。

13～14点：午饭后，精神困倦，白天第一阶段的兴奋期已过，精力消退，进入24小时周期中的第二低潮阶段，此时反应迟缓，有些疲劳，宜适当休息，最好午睡半小时到一小时。

15～16点：身体重新改善，感觉器官此时尤其敏感，精神抖擞，实验表明，此时长期记忆效果非常好，可以合理安排一些需“永久记忆”的内容进行记忆。工作能力逐渐恢复，是外向性格者分析和创造能力最旺盛的时刻，可以持续数小时。

17～18点：工作效率更高，体力活动的体力和耐力达一天中的最高峰时期，实验显示，这段时间是完成复杂计算和比较消耗脑力作业的好时期。

19～20点：体内能量消耗，情绪不稳，应休息。

20～21点：大脑又开始活跃，反应迅速，记忆力特别好，直到临睡前为一天中最佳的记忆时期（也是最高效的）。

22～24点：睡意降临，人体准备休息，细胞修复工作开始。

由以上可以推出人的大脑每天有4个记忆高峰期。

第一个高峰期是早晨起床后：大脑在睡眠过程中并没有停止工作，而是在对前一天输入的信息进行编码整理。早晨醒后没有新的信息干扰，这时记东西会印象深刻。

第二个高峰期是在上午8点到10点：这时精力上升到旺盛期，处理识记效率高，记忆量增大。

第三个高峰期是在下午5点到6点：这是一天中记忆最佳期。

PM
5:30

第四个高峰期是临睡前1小时左右：这时识记材料后就入睡，不再有新信息输入，所以没有相互抑制的影响。

据此，大家可以合理安排自己的学习时间表。然而，正如安东尼·罗宾德所说，“世界上没有两个人的个人生物钟是一样的”，每个人的最佳学习时间也存在一定的差异，所以，要掌握自己的“黄金时间”进行合理的安排，以便提高学习效率。

第二节　影响记忆力的因素和食物

“一切知识的获得都需要记忆，记忆是一切智力活动的基础。”这是著名哲学家培根的名言。我们所说的记忆力，就是记住事物的形式或事物的经过的能力。

影响记忆力的因素

★记忆的敌人——压力和不安

严重的情绪危机和压力不但会对记忆造成影响，甚至还会导致身心失衡，让人感觉很压抑，使精神生活笼罩在一片阴影中。例如，被抢劫的人往往很难正确地描绘出罪犯的长相和特征，即使能描述出来一些，也不完全准确。通常人们在这种情况下，会将自己的注意力集中在罪犯的凶器和自己如何能逃跑上面。此时，生存的压力过大，人们能记住罪犯的能力便大大降低，有的甚至为零。

心理学家研究表明，适度的压力可以促进记忆力。轻微的压力比没有任何压力更能帮助人们发挥潜能。比如说升学压力过大固然不好，但是完全不当回事同样也不是好事。物极必反，“人无压力轻飘飘”，同样也做不好什么事情。

有的人容易情绪紧张、不安，动不动就发出悲观消极的感叹，老是抱着负面想法的人很容易忽视生活中正面的、积极的因素，“忧郁”往往使人们陷于悲观的深渊中不能自拔，沉溺于过去，对于未来充满恐惧，这样的状态直接导致其注意力不断降低，集中注意力的功能也不断被弱化，记忆的能力当然日渐衰退。

★睡眠与记忆力

我们的许多灵感都是在酣睡后的早晨出现的。睡眠可以解除大脑疲劳，同时制造大脑需要的含氧化合物，为觉醒后的思维和记忆作好充分的准备。适度睡眠为记忆和创造提供了物质准备，尤其是快速眼动睡眠阶段，对记忆巩固起着积极的作用。

2000年12月，美国《自然神经科学》杂志发表了哈佛大学医学院的一个新发现：考试之前熬通宵的人第二天反而记不住所学内容了。研究人员发现，在学习和练习完新东西后好好睡一觉的人，第二天所能记起的东西要多于那些学习完同样内容后整夜不睡觉的人。熬夜会损害记忆。有的人常常熬夜甚至通宵学习，效果反而不高。如果缺少睡眠，或服用能减少快速眼动睡眠的抗抑郁症药物，就会出现疲劳、头昏脑涨、眼花心慌、食欲不振等感觉，导致警觉性差、情绪不佳、影响记忆力。

大量事实证明，拥有充分的睡眠，保持清醒和睡眠的自然周期才是最可靠的能长久促进记忆力发展的好办法。要获得深度良好的睡眠，睡前最好避免饮食，不要做剧烈运动，也不要长时间看书，不要在睡眠前考虑太多问题，更不要依赖安眠药。

★不吃早餐或早餐营养不足

有一些学生因为时间匆忙，不吃早餐或早餐营养不足，这会使他们的血糖低于正常供给，妨碍对大脑的营养供应，久之也会对大脑功能和记忆产生损害。

★空气污染

空气污染或长时间处于不通风的空调环境中，令空气中含氧量不足，也会降低大脑的工作效率。因为大脑是全身耗氧量最大的器官，平均每分钟消耗氧气500～600升。

★长期饱食

现代营养学研究发现，进食过饱后，大脑中被称为“纤维芽细胞生长因子”的物质会明显增多。如果长期饱食的话，势必导致脑动脉硬化，出现大脑早衰和智力减退等现象。

人们在对待饮食的量上，“吃好吃饱”仍是相当多人的饮食要求，一日三餐都狂吃海饮者大有人在，毫无节制的饮食使人的胃、肠等消化系统时时处于紧张的工作状态，各内脏器官也被超负荷的利用而无法保养。

★不良嗜好的坏处

◎饮酒过量

适量的酒精可以帮助人们消除疲劳，提高身体活性。但是，对记忆而言，酒精却是有百害而无一利。饮酒过量不但会给生活带来种种麻烦，还会导致部分记忆的丧失。由于酒精对脑细胞的麻痹作用，很可能会发生暂时性记忆丧失。

当酒精在人体内被分解时，大脑活动所需的维生素B群就会被大量消耗，严重的酒精中毒会使神经细胞受到破坏，引发幻觉或神经错乱，甚至导致精神分裂。

◎吸烟

很多研究者的研究结果都表明，吸烟加速记忆力丧失。如果人到中年还有吸烟习惯，记忆力受损更加明显。

★ 4 类食物伤害大脑

研究证明，常吃以下4类食物，大脑会出现反应迟钝、笨拙，甚至记忆力衰退等现象。

◎过咸食物

人体对食盐的生理需要极低，成人每天7g以下、儿童每天4g以下就足够了。常吃过咸食物会损伤动脉血管，影响脑组织的血液供应，使脑细胞长期处于缺血、缺氧状态，导致记忆力下降、大脑过早老化。

◎含铅食物

铅能取代其他矿物质铁、钙、锌在神经系统中的活动地位，因此是脑细胞的一大“杀手”。含铅食物主要是爆米花、松花蛋等。需要注意的是，“无铅松花蛋”的铅含量并不等于零，只是低于相应的国家标准，同样不宜大量食用。

◎含铝食物

世界卫生组织指出，人体每天铝的摄入量不应超过60mg，油条中的明矾是含铝的无机物，如果一天吃50～100g油条，便会超过这个量。

◎含过氧脂质的食物

油温在200℃以上的煎炸类食品及长时间曝晒于阳光下的食物，如熏鱼、烤鸭、烤鹅等含有较多过氧脂质，它们会在体内积聚，使某些代谢酶系统遭受损伤，促使大脑早衰或痴呆。

增强记忆力的食物

大脑中有无数亿个神经细胞在不停地进行着繁重的活动，科学研究证

实，饮食不仅是维持生命的必需品，而且在大脑正常运转中也发挥着十分重要的作用。有些食物有助于发展人的智力，使人的思维更加敏捷，精力更为集中，甚至能够激发人的创造力和想象力。

营养保健专家研究发现，一些有助于补脑健智的食品，并非昂贵难觅，而恰恰是廉价又普通之物，日常生活随处可见。以下几种食品就对大脑十分有益，脑力劳动者、在校学生不妨经常选食。

★牛奶

牛奶是一种近乎完美的营养品。它富含蛋白质、钙，及大脑所必需的氨基酸。牛奶中的钙最易被人吸收，是脑代谢不可缺少的重要物质。此外，它还含对神经细胞十分有益的维生素B_1等元素。在因用脑过度而失眠时，睡前喝一杯热牛奶有助入睡。

★鸡蛋

大脑活动功能、记忆力强弱与大脑中乙酰胆碱含量密切相关。实验证明，吃鸡蛋的妙处在于：当蛋黄中所含丰富的卵磷脂被酶分解后，能产生出丰富的乙酰胆碱，进入血液又会很快到达脑组织中，可增强记忆力。国外研究证实，每天吃1~2个鸡蛋就可以向机体供给足够的胆碱，对保护大脑、提高记忆力大有好处。

★鱼类

它们可以向大脑提供优质蛋白质和钙，淡水鱼所含的脂肪酸多为不饱和脂肪酸，不会引起血管硬化，对脑动脉血管无危害，相反，还能保护脑血管，对大脑细胞活动有促进作用。

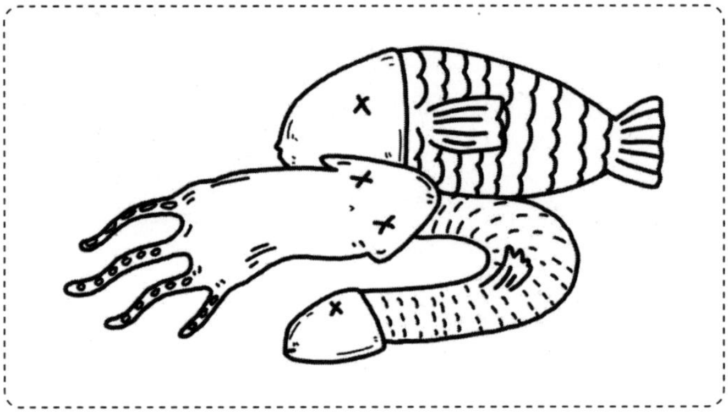

★味精

味精的主要成分是谷氨酸钠，它在胃酸的作用下可转化为谷氨酸。谷氨酸是参加人体脑代谢的唯一氨基酸，能促进智力发育，维持和改进大脑机能。常摄入些味精，对改善智力不足及记忆力障碍有帮助。由于味精会使脑内乙酰胆碱增加，因而对神经衰弱症也有一定疗效。

★花生

花生富含卵磷脂和脑磷脂，它是神经系统所需要的重要物质，能延缓脑功能衰退，抑制血小板凝集，防止脑血栓形成。实验证实，常食花生可改善血液循环、增强记忆、延缓衰老，是名副其实的“长生果”。

★小米

小米中所含的维生素B_1和维生素B_2分别高于大米1.5倍和1倍，其蛋白质中含较多的色氨酸和蛋氨酸。临床观察发现，吃小米有防止衰老的作用。如果平时常吃点小米粥、小米饭，将益于脑的保健。

★玉米

玉米胚中富含亚油酸等多种不饱和脂肪酸，有保护脑血管和降血脂的作用。尤其是玉米中含水量谷氨酸较高，能帮助促进脑细胞代谢，常吃些玉米尤其是鲜玉米，具有健脑作用。

★黄花菜

人们常说黄花菜是“忘忧草”，能“安神解郁”，但黄花菜不宜生吃或单炒，以免中毒，以干品和煮熟吃为好。

★辣椒

辣椒维生素C含量居各蔬菜之首，胡萝卜素和维生素含量也很丰富。辣椒中所含的辣椒碱能刺激味觉、增加食欲、促进大脑血液循环。近年有人发现，辣椒的“辣”味还是刺激人体内追求事业成功的激素，使人精力充沛，思维活跃。辣椒以生吃效果更好。

★菠菜

菠菜虽廉价而不起眼，但它属健脑蔬菜。由于菠菜中含有丰富的维生素A、维生素C、维生素B_1和维生素B_2，是脑细胞代谢的“最佳供给者”之一。

此外，它还含有大量叶绿素，也具有健脑益智作用。

★橘子

橘子含有大量维生素A、B_1和C，属典型的碱性食物，可以消除大量酸性食物对神经系统造成的危害。考试期间适量常吃些橘子，能使人精力充沛。此外，柠檬、广柑、柚子等也有类似功效，可代替橘子。

★菠萝

菠萝含有很多维生素C和微量元素锰，而且热量少，常吃有生津、提神的作用，有人称它是能够提高记忆力的水果。菠萝常是一些音乐家、歌星和演员最喜欢的水果，因为他们要背诵大量的乐谱、歌词和台词。

要提高记忆力，还需要科学地合理安排，使之符合人的生理规律和你个人的情况。还需要经常保持愉快的心情，适量地参加体育运动，多读书，多动脑，这样一定会对记忆力的提高有帮助。

第三节 记忆要注意的事项

记忆是学习的基石，没有记忆，任何学习都不可能进行。我们每个人都渴望拥有出色的记忆力，并希望获得学习的成功。在学习活动中如果充分掌握了记忆方法、条件，拥有坚定的信念，并进行有意识的锻炼，就能改善和提高记忆力。下面将增强记忆力的两大前提条件介绍给大家：

坚定信念，增强记忆

日本著名的心理学家多湖辉先生和南博先生一致认为，记忆的关键是要有“我能记住”这种自信心。自信状态影响着一个人记忆力的发挥。自信心是增强记忆的内在动力，自信心越强，记忆力效果越好。科学研究表明，当自信心增强的时候，精神旺盛，情绪乐观，大脑细胞的活动能力大大加强，从而产生兴奋和激发状态，我们把它称为大脑的新能量。新能量可以增进脑细胞的活跃状态，产生良好的记忆效果。反之，如果老认为自己记忆力不

你无论是下河
捉鱼，还是上山
捉鸟，下棋等都
干得非常出色，这
就说明你的头脑比
一般人好。如果
把这种精神用
到学习上，成
绩肯定会
提高的。
奋斗
日本学习能力开发研究所

好，在学习或者工作时，精神不振，情绪不高，则会造成记忆力的下降。

保坂荣之介小时候特别喜欢玩，上山捉鸟，下河捕鱼，但是他不爱学习，学习成绩总是下等，在初中一年级500名学生中，他的学习成绩排在第470名，被老师认为是脑子笨的学生。可是，保坂的父亲却不这么看，父亲常常鼓励他说："你无论是下河捕鱼，还是上山捉鸟、下棋等都干得非常出色，这就说明你的头脑比一般人好。如果把这种精神用到学习上，学习成绩肯定会提高的。"父亲的鼓励使保坂增强了学习信心。而且，当时的保坂也觉得成绩这样差，没脸见人，应该好好学。因为下定了决心，又有很强的自信心，记忆力和学习效果之好，连他自己也感到惊讶。他从初中二年级暑假开始努力学习和补课，很快他的学习成绩就经常进入前10名。后来上了大学，工作后长期从事智力开发研究和应用工作，并担任了日本学习能力开发研究所所长，成为日本知名的学者。

这个故事说明了什么呢？请大家想一想。如果对自己的记忆力充满信心，不是就能大大增强记忆力吗？

兴趣越高，记得越牢

心理学认为，学习兴趣是一个人力求认识世界、渴望获得文化科学知识和不断探求真理而带有情绪色彩的意向。它是学生学习自觉性和积极性的核心因素，是学习强化剂，是学习获得成功的十分重要的条件。古代教育家孔子也曾说过："知之者不如好知者，好知者不如乐知者。"伟大的科学家爱因斯坦也说："兴趣是最好的老师。"许多科学家获得成功的经验中都有一条——他们都有广博而浓厚的兴趣和爱好。

因此，兴趣是学生主动学习、积极思维、勇于探索的内在动力。学生一旦对学习内容产生了浓厚的兴趣，就会愉快地学习，调动内在潜能，主动克服学习上的种种困难，从而获得学习上的成功。例如，球迷可以毫不费力地说出他所喜欢的球员在任何场次的进球、得分、踢球特点，整个赛季的赛程安排等资料，这个球迷在学习上可能不是聪慧的好学生，但由于他对球的热爱，使他的记忆力超常发挥了。

一个人记忆的好坏，与兴趣有着密切的关系，兴趣是记忆的促进剂。所以，要提高记忆能力，要先培养自己强烈的好奇心和求知欲。

记忆要讲究方法

当然，记忆要讲究方法，以下7个要诀希望对在记忆上存在问题的同学有所帮助。

1.保持稳定而愉快的情绪。记忆不是单一的思维活动，愉快的心情能够增强记忆的广度和深度，在心情愉悦情况下学习不仅会让你记得更快更多，也会记得更牢靠。这很好理解，愉悦的心情会让你对记忆充满主动性而不是苦不堪言地勉强硬塞。

2.注意适当的营养。大量记忆消耗的能量多，所以需要补充适当的营养。有计划、适量地吃点鱼、肉以及蛋黄，对于维护记忆功能是很必要的。另外，新鲜空气能使大脑得到充分的氧气，增强记忆力。空气污浊，头脑发昏，影响记忆效果。

3.一定不要抽烟饮酒。吸烟降低人的记忆力效果，吸的支数越多记忆力降低越明显。长期饮酒，可使人注意力涣散，理解力降低，记忆力下降，意志消沉。

4.劳逸结合记忆不累。打疲劳战妄图广种薄收的方法绝对是笨方法。与其昏昏沉沉地耗时间，不如劳逸结合，学习一段时间以后，适当地休息一下，做体操、打球、唱歌、谈笑，都可使大脑得到适当的休息，进而在大脑恢复活力后事半功倍地学习记忆。

5.合理的作息制度是十分重要的。人体生物钟总是有节奏的，如果形成了每日的生活规律，在固定的时间从事固定的活动容易让身心达到较佳的状态。如果经常无规律地安排生活学习，身体就会和意愿唱反调。制定好每日的作息时间后，就要严格遵守不轻易更改，这样才会保证以良好的身体状态迎接各种考试。

6.注意掌握最佳的记忆时间。一般说来早晨和晚上临睡前是记忆效果最好的时间。心理学研究证明，记忆事物总是容易对首尾记忆深刻，那是因为记忆总是相互干扰，而首尾的干扰因素少，也就更容易记住。在早晨，大脑没有睡前学习材料的干扰，而临睡时不再受新学习内容的干扰。所以每天临睡前，把一天内学习的主要内容，像过电影一样在脑子里过一遍，这对记忆的巩固效果很好。晚上记的材料，第二天早晨再记一遍，效果会更好。

7.合理用脑。合理用脑使大脑皮层的不同部位轮流兴奋和抑制，有助于增强记忆力，使人保持不疲劳的状态。长时间啃一门课不如不同课程交替学习的效果好，内容相似的课程不要挨着复习。学习时用的是左半脑，听音乐、歌曲是用右半脑。右半脑兴奋几分钟，左半脑就可休息一下。用音乐来调节，做到合理用脑，在世界各大学里已被广泛重视。

第三堂课——超级记忆训练

第一节　训练前的准备

超级记忆法的训练，要求接受训练者首先进入一种良好的状态。记忆状态训练正是为了大家能进入良好的记忆状态，收到理想的训练效果而设计的。

左右脑协调训练

请在一把椅子上坐下来，十指相对呈握球状，按顺时针方向进行拇指与拇指的相对环绕运动，先按顺时针方向，再按逆时针方向，每次循环做5遍。注意手指不要相碰，同理依次做完其余手指。

现在开始训练：十指相对呈握球状，拇指环绕运动，食指环绕运动，中指环绕运动，无名指环绕运动，小拇指环绕运动。

腹式呼吸训练

现在，请你直腰挺胸，端坐在椅子上，全身放松，双腿和双手自然放下，闭上眼睛，用鼻孔吸气，气流从鼻孔慢慢进入喉、气管、肺部，向腹部流去，腹部慢慢胀起，有一股气流冲向下丹田。吸气时间不要太急，持续5秒左右。屏住呼吸，让气流停滞几秒钟，然后微微张开，缓缓吐气，腹部慢慢收回，想象有一股气流由下丹田缓缓向上流，一直流到头部百会穴。吐气缓慢均匀，持续10秒左右。

如此反复循环呼吸10次，然后微微睁开双眼，注意体会整个过程中有气流在下丹田和头部百会穴之间来回流动。

能量呼吸训练

首先，请在椅子上坐好。抬头含胸，两眼平视前方，然后轻轻闭合，舌尖轻抵上颌，开始深呼吸，再深呼吸，两次深呼吸间歇2秒。

现在，全身放松，吸气，仿佛有一股巨大能量随着你的呼吸从头顶灌入你的体内，感到全身充满了力量，力量自上而下流动，最后从脚底流出。

呼气，想象有一股凉爽、舒适、放松的能量由脚底流入你的体内，从下向上经过胸从头顶流出，体会这种能量流动的过程。

如此反复3次，然后微微睁开双眼。

形象放松训练

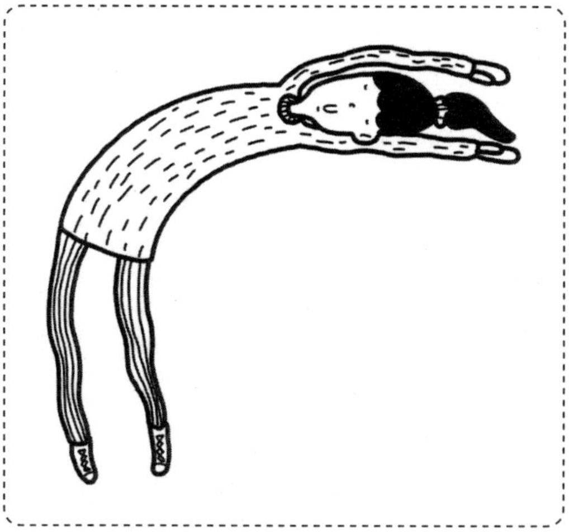

请轻轻闭上眼睛，脑海中一片空白，身体变得很轻很轻，像云朵一样的柔软、轻盈，身体变成了一个气球，开始充气，球体内空气越来越多、球越来越大，气门打开了，气体开始向外流，气球开始慢慢变小、变小，慢慢地没有了空气。

你发现自己好像站在一个很高很高的地方，稍停歇片刻，你纵身跳下去，跳向身下那柔软的、巨大的海绵，你在海绵里轻轻下沉、下沉，非常柔软、非常舒适的感觉缠绕着你，你好放松啊！

现在，想象自己放松的形象：你躺在海边的沙滩上，远处是一望无际的大海和辽阔的蓝天。你身体下面是很软很软的沙子，沙很细，你感到很放松。

每个人放松的形象不一定相同，你可以按自己喜欢的方式自由联想。

意念集中训练

意念集中是指把你的意念集中于脑内，将意识、情感、感官甚至潜意识都集中到你脑内的思维中去。

请做腹式浅呼吸，意念集中，做如下联想：想象脑内有一个强力磁石吸引着你的全部注意力，你身上的每一个细胞都指向了脑内；想象你的脑内像有一团火焰向全身放射着光和热，请保持这种状态做下面的训练。

★过去时空意念集中训练

闭上眼睛，回想从昨天起床到现在的经历，慢慢地回想每一个细节，同时调动感官重新体味这些细节。渐渐地，你便进入了意念集中状态，自然而然地将意念集中到了脑内。

★未来时空意念集中训练

请想象你正计划要做的一件事。例如，要去书店买书，现在开始设想买书的过程，通过怎样的途径去书店、如何选书、如何回来……

★空间意念集中训练

◎空间扩大联想。想象你正在家中，脑海中浮现出整个城市，家仅仅是城市中的一点；再联想整个国家，在脑海中浮现整个国家地图的形象，城市仅仅是国家中的一点；再联想地球，在脑海中浮现地球的全貌，国家又是地球的一小部分；地球是整个银河系的星球之一；银河系是整个宇宙的一部分……以此过程类推，逐步扩大。

◎空间缩小联想。头脑中联想整个宇宙中有一个银河系，银河系中有一个地球，地球上的城市……以此类推，逐渐地想象到自己坐在家中的景象。

下面进行本体感觉意念集中训练，闭上眼睛，跟着语言的引导，按顺序对你的身体部位进行联想：

头发；前额；眉毛；眼睛；鼻子；耳朵；嘴唇；牙；舌头；下巴；脖前；脖后；脖侧；肩头；腋下；大臂；肘；小臂；手腕；手掌；胸前；背部；身体的侧面；腹部；臀部；大腿；膝盖；小腿；脚踝；脚。

按以上顺序想一遍后，请再按逆向顺序想一遍，速度越快越好。

要注意：想到某一部位时，即刻浮现鲜明的形象，并将意念集中到想象的身体部位上去。

单侧体操训练

心理学实验表明，左右脑的功能是不同的，大脑右半球相当于一个表象存储系统，主要记忆各种形象材料，如图形、闪光、音乐、震动等信息；大脑左半球相当于一个字词存储系统，主要记忆语言、文字、抽象符号等。这两半球的分工不是绝对的，而是互相联系、互相配合、互相补偿的。

右半脑支配左半身，左半脑支配右半身。大部分人爱用右手，因此造成发展不平衡。下面介绍的单侧体操，目的在于加强大脑右半球的作用，以担负部分左半脑的功能，把两半球都利用起来，会达到惊人的记忆效果。

第一节，全神贯注地站立。左手紧握，左腕用力，屈臂，慢慢上举，然后逐渐还原。8次为一组。

第二节，仰卧，左腿伸直上抬，将上抬的腿倒向左侧，但不碰床。再以相反的顺序还原。8次为一组。

第三节，直立，左臂侧平举，再上举，再上举，头不动，然后还原。8次为一组。

第四节，直立，身体向左侧卧，用左手和脚尖支撑，左臂伸直，使身体倾斜，呈笔直侧卧伏。屈左膝起身，慢慢还原。8次为一组。

第五节，俯卧，跷起脚尖，用手掌和脚尖支撑身体做俯卧撑。8次为一组。

上述五节单侧体操每天应坚持练1~2次。

第二节　呈像训练

呈像训练是按一定的思路使任意两个图像之间产生联系。联系的方式包括：静态图像、动态图像、局部图像。

呈像训练包括3个步骤：

第一步，浮现图像，即在脑海中浮现出将要发生联系的两个图像；

第二步，图像联结，即按一定的思路将这两个图像联系在一起；

第三步，用心感受，即身临其境地感受两个图像联系在一起后可能出现的情景。

下面我们按照这一思路逐项进行训练。

图像的静态训练

这一训练的步骤及思路是：

①浮现图像；

②将图像1放在图像2的某个位置上，或者想象1的某个位置上放着图

像2；

③用心感受图像联系的情景。

下面我们通过几组具体的例子来体会这种联系方式：

★鸡蛋——桌子

第一步，在大脑中鲜明地浮现出鸡蛋和桌子的图像，要侧重于浮现鸡蛋的整体图像及桌子各个部位；

第二步，把鸡蛋放在桌子的桌面上（也可以把它放在桌子的四条腿下或者放在桌子下面，总之选一个部位放鸡蛋）

第三步，调动感官感受一下这种情景，鸡蛋放在桌子上，你往桌子上一趴，把鸡蛋挤破了，衣服弄脏了，你闻到了鸡蛋的气味。

通过这种身临其境的感受，达到加强记忆的目的。如果鸡蛋被放在桌子腿下，又将是怎样的心情呢？你也可以趴一下，不过这个桌子会突然向下沉，鸡蛋碎了，蛋清蛋黄淌了一地，且淌到了你的鞋上，你闻到了生鸡蛋的气味。

或者：

第一步，在脑海中浮现鸡蛋和桌子的图像；

第二步，想象被打开的鸡蛋里面有一张桌子；

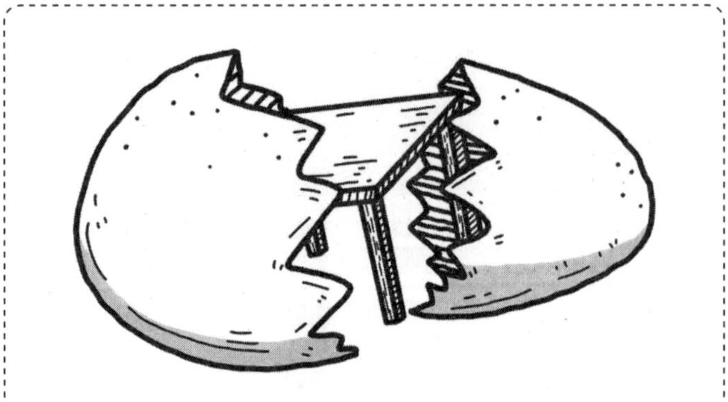

第三步，调动感官身临其境地去感受这一情景。

★小草——小鸟

第一步，在脑海中浮现小草和小鸟的图像；

第二步，想象小草在小鸟的嘴里（也可以想象小草放在小鸟的某个部位）；

第三步，调动各种感官去想象你看到一只小鸟，用手一抓，抓住了它，发现它嘴里叼着一棵小草。

或者

第一步，在脑海中浮现小鸟和一簇非常茂密的小草的图像；

第二步，想象草丛里落着一只小鸟；

第三步，你用手一抓这簇草，发现里面有一只小鸟，身临其境地感受这一情景。

下面请根据文字提示继续联想：

★手指——眼睛

第一步，在脑海中浮现出手指和眼睛的图像；

第二步，用手指挡住眼睛；

第三步，调动感官感受可能出现的情景，当你的手指挡住眼睛时，看不见某些东西。

★水杯——大门

第一步，在脑海中浮现水杯和大门的图像；

第二步，水杯挂在大门上；

第三步，调动感官身临其境地感受，你去敲别人的大门却发现大门上挂着水杯，水杯随着你的敲击摇摆，你的心一下子提了起来。

★秦始皇——石锅

第一步，在脑海中浮现秦始皇和石锅的图像；

第二步，想象秦始皇摆在石锅里；

第三步，调动感官，身临其境地去感受可能出现的情景，想象你把秦始皇放在石锅里，看着他在石锅里暴跳如雷的样子。

★毛巾——元宝

第一步，在脑海中浮现毛巾和元宝的图像；

第二步，毛巾盖在了元宝上；

第三步，调动感官，身临其境地去感受你发现了一条毛巾，一拿起来发现下边有一个元宝时的喜悦心情。

★葫芦——女孩

第一步，在脑海中浮现葫芦和女孩的图像；

第二步，把葫芦放在女孩的头上；

第三步，调动感官，身临其境地去感受葫芦在女孩的头上摇摇晃晃，女孩小心翼翼的样子。

★西瓜——杨树

第一步，在脑海中浮现西瓜和杨树的图像；

第二步，西瓜长在杨树的树杈上；

第三步，调动感官，身临其境地去感受当你看到西瓜长在杨树上，十分吃惊的感受。

★报纸——茶叶

第一步，在脑海中浮现报纸和茶叶的图像；

第二步，报纸上放着一堆茶叶；

第三步，身临其境地感受，你看到有人把一堆茶叶放在了一张报纸上，茶叶飘出了清香的味道。

★帆船——水龙头

第一步，在脑海中浮现帆船和水龙头的图像；

第二步，想象在帆船上堆满了水龙头；

第三步，身临其境地感受，你看到了帆船上杂乱无章地堆满了水龙头的情景时是什么样的心情。

★军官——孩子

第一步，在脑海中浮现了军官和孩子的图像；

第二步，想象在孩子的身上骑着一个军官；

第三步，身临其境地去感受，你看到一个健壮的军官骑在一个很小的孩子身上时你气愤的心情。

★大街——地球

第一步，在脑海中浮现大街和地球的图像；

第二步，想象在大街上摆着一个地球；

第三步，身临其境地感受，你走在大街上，忽然发现前面有一个地球的惊奇心情。

★大门——文件夹

第一步，在脑海中浮现大门和文件夹的图像；

第二步，在大门的缝里夹着一个文件夹；

第三步，身临其境地感受，一天，你回家时看到自己的家门缝里夹着一个文件夹时的情景，你也许忍不住把它拿了下来。

★码头——毛巾

第一步，在脑海中浮现码头和毛巾的图像；

第二步，在码头上缠绕着毛巾；

第三步，身临其境地感受，看到毛巾竟不知被谁缠在了码头上的情景。

请按照上述方法，对下列词组进行联系练习：

棉花——纽扣 面包——茄子 眼睛——面条 墨水——冰箱 竹子——眉毛

茶几——热水 松鼠——月亮 鸡蛋——牙刷 灯管——馒头 袋鼠——辣椒

婴儿——香肠 扑克——粉笔 车门——石头 教练——电灯 龙虾——贝壳

车门——豌豆 眉毛——网吧 商场——猎人 熊猫——黄豆 戒指——可乐

裤子——手指 子弹——毛巾 面粉——金鱼 图纸——昙花 黑马——制服

香蕉——雨伞 直尺——橡皮 鲨鱼——毛驴 玻璃——美女 马桶——羊肉

图像的动态训练

图像的动态训练步骤及思路是：

第一步，浮现图像。

第二步，图像联系，让前一个图像运动起来之后，去撞后一个图像，以动态形式将它们联系在一起；或者前一个图像被后一个图像撞击，将两个图像联系起来。

第三步，用心感受。

让我们通过分析具体的例子来体会这种联系方式。

★鸡蛋——桌子

第一步，在脑海中浮现鸡蛋和桌子的图像；

第二步，想象桌子被你转动后飞起来砸向鸡蛋；

第三步，身临其境地感受鸡蛋被砸后的惨状，桌子翻了，鸡蛋碎了一地。

或者：

第一步，在脑海中浮现鸡蛋和桌子的图像；

第二步，想象一个鸡蛋被桌子撞了一下，桌子散了；

第三步，身临其境地感受你见到这一情景，心里对这只鸡蛋充满了好奇。

★小草——小鸟

第一步，在脑海中浮现小草和小鸟的图像；

第二步，想象你拿一棵小草去砸一只小鸟，小鸟刚好叼住了这棵小草；

第三步，身临其境地感受这一情景。

或者

第一步，在脑海中浮现小草和小鸟的图像；

第二步，想象小草被一只飞来的小鸟撞了一下，这棵小草被撞坏了；

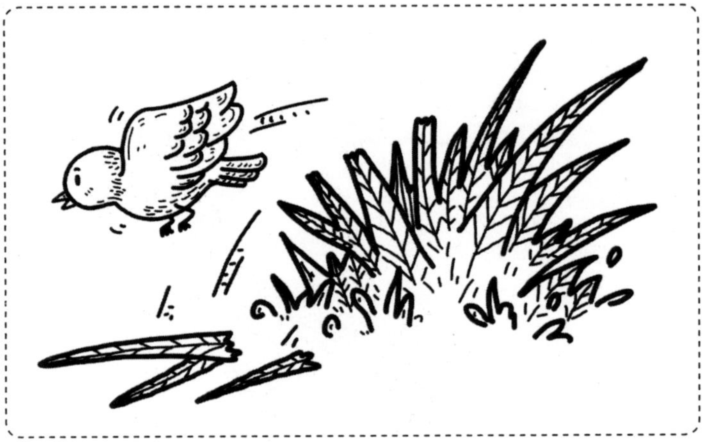

第三步，身临其境地感受这一情景。

下面请根据文字提示继续联想：

★水果——马车

第一步，在脑海中浮现水果和马车的图像；

第二步，想象你是一个马车车夫，赶车时碰到了水果；

第三步，身临其境地感受，想象这时你的心情。

★歌手——背包

第一步，在脑海中浮现歌手和背包的图像；

第二步，想象一个歌手，一脚把一个背包踢飞的情景；

第三步，身临其境地感受这一情景。

★胖子——衣服

第一步，在脑海中浮现胖子和衣服的图像；

第二步，想象胖子狠狠地打了衣服一拳；

第三步，身临其境地感受，一个胖子因为太胖不能穿喜欢的衣服时生气的心情。

★桌子——油画

第一步，在脑海中浮现桌子和油画的图像；

第二步，想象桌子砸在一张油画上面；

第三步，身临其境地去感受你发现桌子沉重地砸在油画上的情景。

★漫画——池子

第一步，在脑海中浮现漫画和池子的图像；

第二步，想象一张漂亮的漫画，飘飘悠悠落在了一个池子里；

第三步，身临其境地去感受漫画漂在池面上。

★大象——冰块

第一步，在脑海中浮现大象和冰块的图像；

第二步，想象一只力大无比的大象踩碎一堆冰块的情景；

第三步，身临其境地去感受。

★复印机——皮球

第一步，在脑海中浮现复印机和皮球的图像；

第二步，想象有一台复印机被飞来的皮球狠狠击中了；

第三步，身临其境地感受这一情景，你为复印机是否受到了损坏而担心。

★小猪——鞭炮

第一步，在脑海中浮现小猪和鞭炮的图像；

第二步，想象小猪被点燃的鞭炮崩了一下；

第三步，身临其境地感受这只小猪受到惊吓时的样子。

★餐厅——脑袋

第一步，在脑海中浮现餐厅和脑袋的图像；

第二步，想象餐厅被一颗黑色的脑袋撞了一下；

第三步，身临其境地感受目睹这一情景时的心情。

★士兵——大米

第一步，在脑海中浮现士兵和大米的图像；

第二步，想象士兵被一袋大米掉下来砸了一下；

第三步，身临其境地感受这一情景，你见到士兵受了伤。

★公鸡——信封

第一步， 在脑海中浮现公鸡和信封的图像；

第二步，想象公鸡的脑袋被一封从远处快速飞来的信封划破了；

第三步，身临其境地感受你见到了受伤了的公鸡时的心情。

★副食品——裤子

第一步，在脑海中浮现副食品和裤子的图像；

第二步，想象副食品被裤子包裹起来的情景；

第三步，身临其境地感受目睹这一情景的心情。

请按照上述方法对下列词组进行联系练习：

午饭——传真 白雪——冰山 女孩——工厂 键盘——彩票 科学——企鹅

狗熊——老人 男孩——心脏 奶奶——学生 香烟——别墅 视频——干草

气球——暖壶 小狗——饮料 山羊——大豆 小河——皮球 指甲——凉鞋

图书——面条 酒杯——电脑 城镇——土地 排球——美女 挂历——衣服

木头——记者 国际——蝎子 厂长——足球 失踪——楼梯 财政——公园

条件——重庆 朋友——英镑 汽车——白马 土豹——合同 会计——因素

图像的局部训练

图像局部训练的步骤以及思路是：

①浮现图像；

②图像联系，以图像1某一部分用图像2充当的方式，让两个图像相联系；

③用心感受。

下面我们通过实例分析来体会这种联系方式。

★汽车——皮球

第一步，在脑海中浮现汽车和皮球的图像；

第二步，想象汽车的轮子是皮球，即让皮球成为汽车的一个轮子，也可以想象汽车的方向盘是皮球形状的，或汽车的车头是皮球形状的。总之，利用想象使后一个图像成为前一个图像的一个局部。

第三步，身临其境地感受自己驾驶着这部车的情景，你应该怎样把握皮球形状的车轮呢？

★书——苹果

第一步，在脑海中浮现书和苹果的图像；

第二步，想象书里画着苹果；

第三步，身临其境地感受，自己在看书的时候看到苹果的情形。

★帆船——水龙头

第一步，在脑海中浮现帆船和水龙头的图像；

第二步，想象帆船的帆是用一个个水龙头组成的；

第三步，身临其境地感受，你驾驶着这只帆船时的情景。

★孩子——月亮

第一步，在脑海中浮现孩子和月亮的图像；

第二步，想象孩子的眼睛是两个月亮，亮晶晶的；

第三步，感受你把这个长着月亮眼睛的孩子抱了起来，摸摸两只眼睛，清凉凉的。

★出租车——商店

第一步，在脑海中浮现出租车和商店的图像；

第二步，想象一辆大出租车的设施是一个商店；

第三步，感受你看到这个商店时的情景。

★服装——香烟

第一步，在脑海中浮现服装和香烟的图像；

第二步，想象服装上的扣子是由香烟做成的；

第三步，感受你看到此服装时的情景。

★青蛙——武器

第一步，在脑海中浮现青蛙和武器的图像；

第二步，想象青蛙的脚或者头就是一件武器做成的；

第三步，感受你看到这只青蛙时的情景。

★道路——绵羊

第一步，在脑海中浮现道路和绵羊的图像；

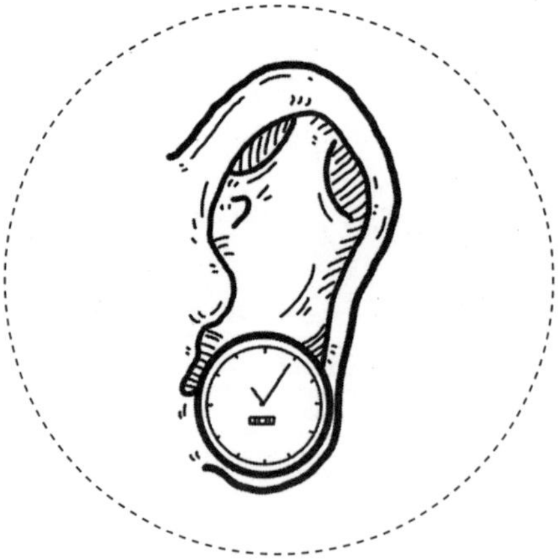

第二步，想象道路上的路标是一只绵羊；

第三步，感受你看到这只绵羊时的情景。

★耳朵——时钟

第一步，在脑海中浮现耳朵和时钟的图像；

第二步，想象一个人的耳垂是一个小小的时钟；

第三步，感受你看到这一情景的心情。

★竹子——眉毛

第一步，在脑海中浮现竹子和眉毛的图像；

第二步，想象竹子上的叶子是由一根根眉毛黏接而成的；

第三步，感受你看到这株奇怪的竹子时的情景。

请按照上述方法对下列词组进行联系练习：

身份——学历 钟表——蒸汽 钥匙——武警 黑板——空调 电脑——眉毛

棉花——冬瓜 青蛙——茶叶 报纸——海象 杜鹃——海螺 土地——甘蔗

农场——夫妻 文档——竹子 香烟——耳朵 冰箱——太阳 贸易——纽扣

毛衣——土豆 绵羊——碧湖 典籍——飞机 煤炭——茅台 蝎子——树叶

医生——剪刀 文件——讲课 目光——疲惫 面条——袜子 书包——记忆

水杯——游戏 精灵——短裤 鸭子——青蛇 打印——帅哥 教师——毛笔

第四堂课——实用超级记忆法

第一节　数字特征记忆法

数字特征记忆法可分为几种：

谐音法

所谓谐音记忆法，就是把有些知识按照其他同音汉字去记忆，使原来无意义的音节变成有意义的词句，使之生动、有趣，收到意想不到的效果。

据说，一天有位老师上山与山顶寺庙里的和尚对饮，临走时，布置学生背圆周率，要求他们背到小数点后22位：3.1415926535897932384626。大多数学生背不出来，十分苦恼。有一个学生把老师上山喝酒的事结合圆周率数字的谐音编了一句顺口溜："山巅一寺一壶酒，尔乐苦煞吾，把酒吃，酒杀尔，杀不死，乐而乐。"待老师喝酒回来，个个背得滚瓜烂熟。这种聪明的学生就是利用谐音法来帮助记忆的。再如，3的算术平方根是1.732050，如果把2读成斤两的"两"，0读成"洞"，那么这个数依谐音可读成"一起商量懂不懂"。

利用谐音法还可以帮助记忆某些历史年代，不少人觉得记忆历史年代是件很苦恼的事，不容易记住，而且还容易混淆。但是，要学好历史，又必须记住历史年代，因为没有时间也就无所谓历史。于是，许多聪明人利用谐音法来帮助记忆历史年代。例如，马克思生于1818年，逝世于1883年。那么可以这样记，“一爬一爬（就）爬（上）山（了）。”再如，甲午战争爆发于1894年，用它的谐音“一把揪死”，就非常容易记住。

物理中的三个宇宙速度记忆法：

第一宇宙速度：7.9km/s（吃点酒）

第二宇宙速度：11.2km/s（要一点儿）

第三宇宙速度：16.7km/s（要留点吃）

当然，谐音记忆法只适于帮助我们记忆一些抽象、难记的材料，并不能推而广之，用于记忆所有的材料。

超级数字谐音编码

数字对于我们来说是有序、熟悉的，将数字转化成形象，谐音编码（从00到99）具体如下：

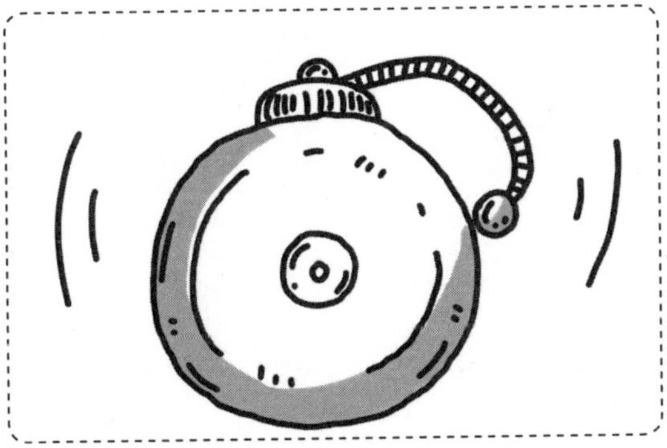

00——玲玲：想象一个叫玲玲的小女孩；

01——淋衣：想象成淋湿了的衣服；

02——铃儿：想象为一个电铃；

03——领伞：想象为获奖领了

一把伞；

04——邻寺：想象为住在寺庙旁边；

05——领舞：想象为一个领着大家跳舞的人；

06——羚肉：想象为羚羊的肉；

07——令旗：想象为发令的旗子；

08——铃把：想象为自行车铃铛的铃把；

09——灵柩：想象为装死人的棺材；

0——铃：想象为一个蛋；

1——衣：想象为衣服；

2——耳：想象为耳朵；

3——山：想象为大山；

4——寺：想象为和尚住的寺庙；

5——屋：想象为房屋；

6——溜：想象为光溜溜；

7——旗：想象为旗子；

8——疤：想象为伤疤；

9——酒：想象为我们喝的酒；

10——衣领：想象为衣服的领子；

11——椅：想象为一把椅子；

12——儿：想象为一个小儿；

13——医生：想象为一个医生；

14——钥匙：想象为一把钥匙；

15——衣物：想象为一堆衣物；

16——一楼：想象为一层楼；

17——仪器：想象为实验仪器；

18——人民币：谐音“要发”，想到人民币；

19——药酒：想象为一瓶药酒；

20——按铃：想象为门上的按铃；

21——鳄鱼：想象为一条鳄鱼；

22——鸳鸯：想象为一对鸳鸯；

23——梁山：想象为水泊梁山；

24——饿死：想象为一个饿死的乞丐；

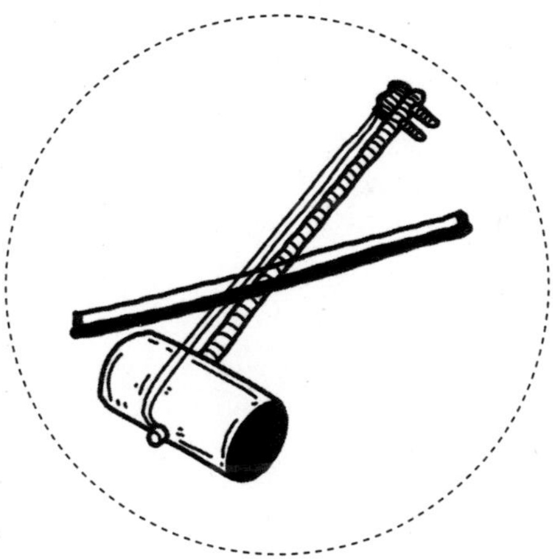

25——二胡：想象为乐器二胡；

26——二流（子）：想象为不学无术的二流子；

27——爱妻：想象为亲爱的妻子；

28——恶霸：想象为一个很凶的恶霸；

29——阿胶：利用谐音；

30——三菱车：想象为一辆三菱车；

31——山药：想象为山药；

32——扇儿：想象为一把扇儿；

33——姗姗：想象为一个小女孩叫姗姗；

34——绅士：想象为一个风度翩翩的绅士；

35——珊瑚：想象为水中美丽的珊瑚；

36——山鹿：想象为一只梅花鹿；

37——山鸡：想象为一只山鸡；

38——伞把：想象为伞的把儿；

39——三角尺：想象为一把三角尺；

40——司令：想象为一个司令官；

41——司仪：想象为一个司仪；

42——柿儿：想象为一个又红又大的西红柿；

43——石山：想象为一座石头山；

44——石狮：想象为大门口的石头狮子；

45——师傅：想象为自己的师傅；

46——石榴：想象为一个大石榴；

47——司机：想象为一个开车的司机；

48——石坝：想象为石头做的大坝；

49——死囚：想象为即将被处决的死囚；

50——武林：想象为一个武林高手；

51——巫医：想象为精通巫术的医生；

52——武二：想象为武大郎打虎的弟弟武松；

53——牡丹：想象为牡丹花；

54——武士：想象为一个日本武士；

55——呜呜：想象为呜呜大哭的样子；

56——蜗牛：想象为一只小蜗牛；

57——武器：想象为打仗的武器；

58——尾巴：想象为动物的尾巴；

59——五角星：想象为一颗五角星；

60——榴莲：想象为一个榴莲；

61——蝼蚁：想象为小昆虫蝼蚁；

62——炉儿：想象为一个烧香的炉儿；

63——硫酸：想象为化学实验用品硫酸；

64——柳丝：想象为柳树上的柳丝；

65——锣鼓：想象为一个锣鼓；

66——溜溜球：想象为溜溜球；

67——流漆：想象为流出来的漆；

68——喇叭：想象为一只喇叭；

69——漏斗：想象为一个漏斗；

70——麒麟：想象为古代传说中的麒麟；

71——奇异果：想象为一颗奇异果；

72——企鹅：想象为一只企鹅；

73——旗山：想象为红旗插满了山；

74——骑士：想象为一个骑着马的勇士；

75——起舞：想象为翩翩起舞的一只蝴蝶；

76——气流：想象为一股气流；

77——蛐蛐：想象为一只蛐蛐；

78——奇葩：想象为神奇的花朵；

79——气球：想象为在空气中的气球；

80——白领：想象为在公司工作的文职人员；

81——八一：想象为“八一”建军节；

82——白鹅：想象为白色的鹅；

83——八仙：想象为传说中的八仙；

84——巴士：想象为一辆公共汽车；

85——白虎：想象为一只白色的老虎；

86——八路：想象为八路军；

87——白棋：想象为围棋里白色的棋；

88——爸爸：想象为慈祥的爸爸；

89——白酒：想象为一瓶白酒；

90——精灵：想象为蓝精灵；

91——球衣：想象为一件球衣；

92——球儿：想象为足球或篮球；

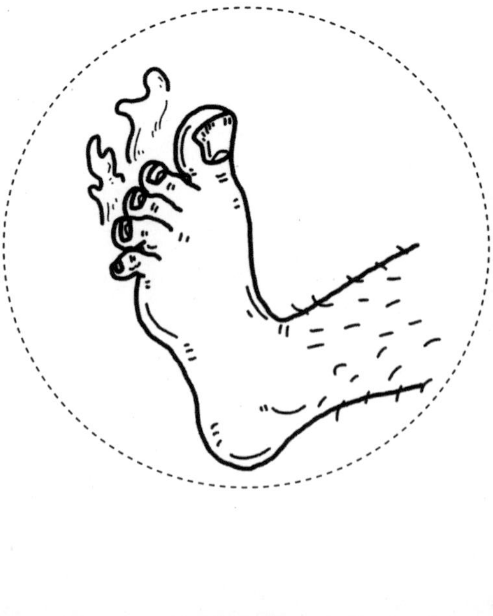

93——旧伞：想象为一把很旧的伞；

94——教师：想象为一位老师；

95——酒壶：想象为一把酒壶；

96——九牛：想象为九头牛；

97——脚气：想象为极为恶心的脚气；

98——酒吧：想象为休闲的酒吧；

99——舅舅：想象为自己的舅舅。

拆拼法

如要记住圆周率的分数表达式355/113，似乎比较难。但一琢磨就发现，这里只有自然数最前面的三个数1、3、5，每个重复一次，不就是113355了嘛。拦腰截断，就是113、355了，那么把后面的放到分数线之上不就成了嘛。

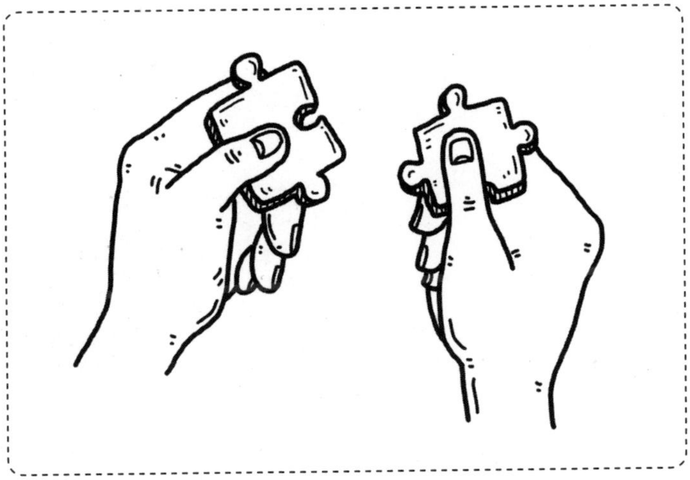

再如，地理课讲到台湾、澎湖、金门、马祖等岛屿，其面积总共为35981平方公里。要记这个数也容易。前面“359”可记成“三五九旅”；“81”可记成“八一建军节”；那么，“35981”不就是“三五九旅在八一诞生”？

运算法

这是把需要记忆的数据转化成简单的算式，从而帮助记忆的方法。

在学习和工作中，经常需要记住一些数据，尤其突出的是历史年代和电话号码。有些数据可以转化成一个算式。例如，爱因斯坦曾问他朋友的电话号码，朋友说："我的电话号码很不好记，是24361。"爱因斯坦马上回答："这有什么难记的！两打（24）加19的平方（361）就是了"。

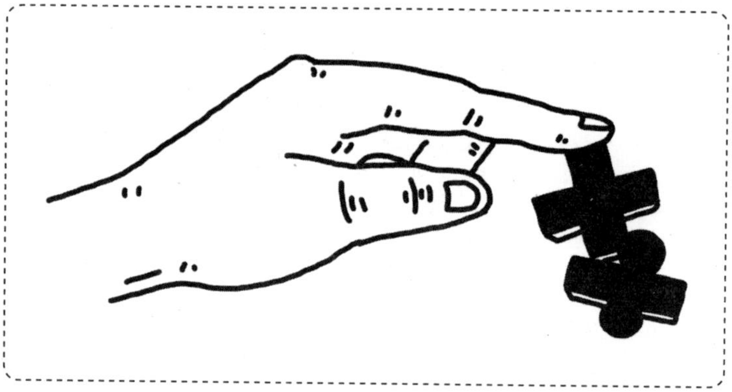

运算记忆法对枯燥无味的数据进行了形象有趣的加工，使之增加了易于联想的内容，所以，重现时就会起到奇异独特的效果。

运算记忆的常用方法有：

◎加法。例如，李时珍于1578年写成闻名世界的药物学巨著《本草纲目》，可想为15=7＋8。

◎减法。例如，周平王东迁，东周开始的时间公元前770年，可想为7－7=0。

◎乘法。例如，1644年清军入关，明朝灭亡，可想为16=4×4。

◎除法。秦于公元前221年统一中国，可想为2÷2=1。

◎叠加法。如党的一大是1921年，二大是1922年，三大是1923年，按加一递增；1917年的十月革命，1919年的“五四”运动，1921年的中共建党，顺序是叠加二；1901年《辛丑条约》签订，1911年辛亥革命爆发，1921年中共一大召开，1931年日本发动“九一八事变”，1941年国民党制造皖南事变，规律是叠加10；1689年《中俄尼布楚条约》签订，1789年法国革命爆发，1889年第二国际成立，规律是叠加百。

特征法

如普希金生于1799年，一琢磨，有特征，它比19世纪早一年；蒙古族灭金是1234年，特征明显，四个数字连续；玄武门之变626年，淝水之战383，都是前后两数相同的特征。

练习：

阿伏伽德罗常数：6.02×10^{23}

公元前212年，秦始皇坑儒

1644年，李自成进占北京

1836年，英国爆发宪章运动

法国大革命爆发于1789年

676年，新罗统一朝鲜

第二节 联想记忆法

联想记忆法分为以下几种具体方法。

奇特联想法

奇特联想是世界上公认的“记忆秘诀”，也是一种记忆的“诀窍”。奇特联想法是利用一些离奇古怪的想法，把有关事物、词语或知识串连到一起，在大脑中形成一连串的物象的增强记忆的方法。

奇特联想可以把任何几个字或词语概念串起来，用独有的特殊办法加以记忆。

运用奇特联想时有三个要点必须掌握：

◎将静态事物动态化，把本来是静止的东西，想法让它动起来。如“气球、墨水、草原”三个不相干的名词，你要连起它们达到记忆目的，可想象成墨水挂到气球上向草原飞去。

◎用甲事物取代乙事物，或让甲事物变成乙事物的一个组成部分，把它们联系或组装起来。如“铅笔、草帽、大豆、拖拉机”，可以想象成铅笔代替了人，戴着草帽坐在拉大豆的拖拉机上。

◎对被记事物进行夸大或缩小，增多或减少。如要记住“手表、倭瓜、滑梯”这三个名词，怎样联想呢？可想象为手表像倭瓜那样大，从滑梯上滚下来。运用这种办法对事物进行随意组合，就可进行联想创造，收到最佳记忆效果。

奇特联想法乍看起来是可笑的，但在需记多项事物的场合，它就会发挥特殊效能。训练习惯之后，要记一连串的词语和事物，就会方便多了。比如，要想记住“狗——自行车”这对词，我们可以想象“狗骑着自行车在马路上逛来逛去”。有人要记“火车、河流、风筝、大炮、鸭梨、黄狗、闪电、街道、松树、高粱”共10个词，他形成如下奇特联想：一个人登上了高速的火车，火车在河流上奔驰，河流上方飘来一个大风筝，风筝上架着一门大炮，大炮的炮筒里打出来一只鸭梨，鸭梨打进黄狗的嘴里，黄狗像一道闪电，迅速地路过街道，爬上一棵老松树，咬住了老松树上长出的一棵高粱。

奇特联想还要注意串联记忆模式训练。

串联是指对要记忆的一组形象，通过联想将形象1与形象2联系在一起，再由形象2联系到形象3，直到最后一个形象。

具体思路是：首先，让形象1与形象2发生联系，再用独立的形象2去联系形象3；然后，用独立的形象3去联系形象4……以此类推，将这组形象环环相扣地联系起来，如同链条一般。

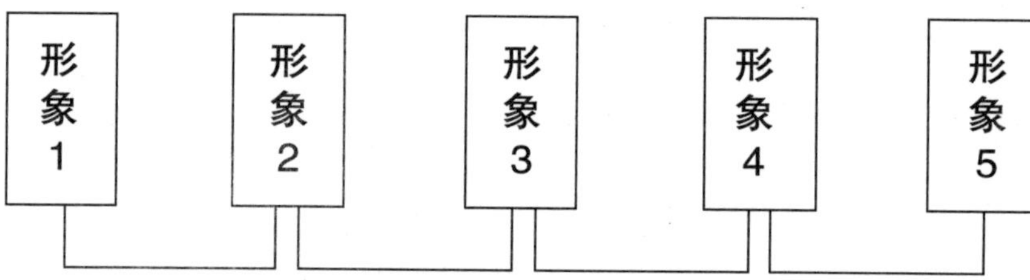

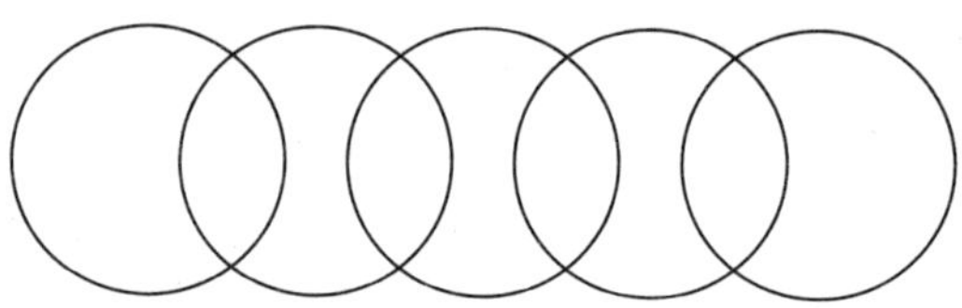

串联的时候我们一定要注意：不相邻的链条之间不能发生联系。每两个形象间的联系，需要按三个步骤进行，即第一步，浮现形象；第二步，形象联系；第三步，用心感受。

下面我们看串联训练的思路，并通过例子分析和体会。

静态串联训练

静态训练的思路是：把形象1放置在形象2的某一部位，再把形象2放置在形象3的某一部位……以此类推地联系下去，将一组形象串在一起。

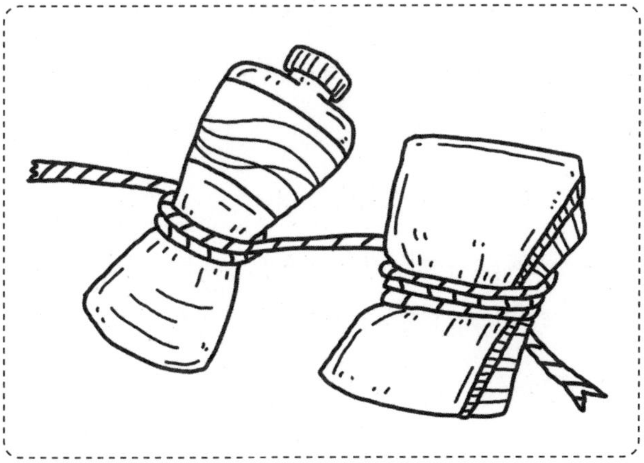

我们来体会下面的例子：

★虫子 橘子 皮球 树 石头 屋子 马路 大海 洗脸盆 地球

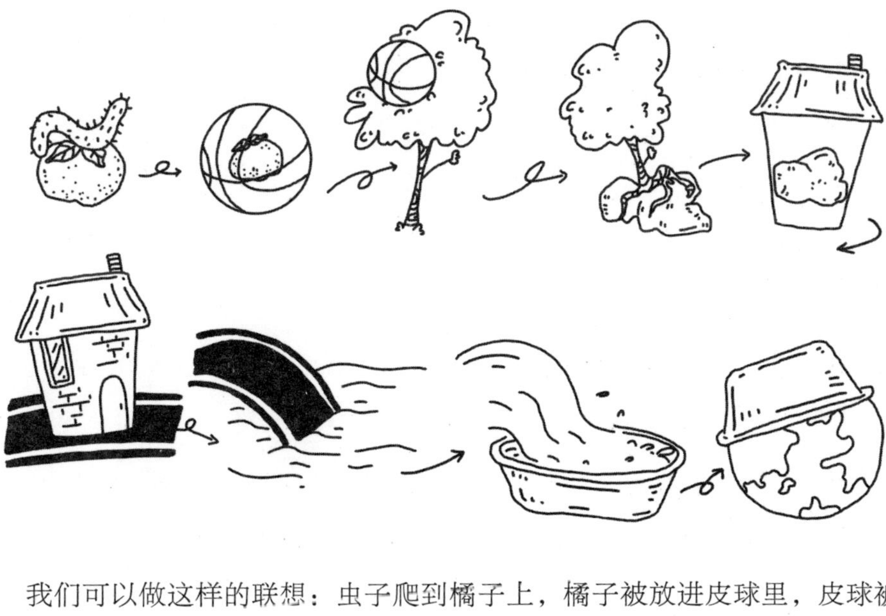

我们可以做这样的联想：虫子爬到橘子上，橘子被放进皮球里，皮球被

扔到树上，树长在石头上，石头平放在屋子里，屋子建在马路上，马路尽头连着大海，大海流入洗脸盆，洗脸盆被放在地球上。

（注：这里省略了对两个形象联系前的浮现形象及联系后的用心感受这两步的陈述。）

下面不再绘图，请跟随文字引导继续联想：

★歌唱家 舞蹈家 灰尘 珠宝 批条 雪花 植物人 暖气 西瓜 虫子

可以这样联想：歌唱家站在舞蹈家身上，舞蹈家坐在灰尘里，灰尘下面有珠宝，珠宝上系着批条，批条飘在雪花里，雪花落在植物人身上，植物人躺在暖气旁，暖气上有一个西瓜，西瓜里有条虫子。

★眼睛 电脑 空调 化妆盒 黑板 光盘 宝贝 眼泪 桌子 楼房 宝贝 地板 树木

可以这样联想：眼睛盯着电脑，电脑放在空调下面，空调放在化妆盒里，化妆盒画在黑板上，黑板后面藏着光盘，光盘是宝贝放的，宝贝眼睛里有眼泪，眼泪掉在桌子上，桌子放在楼房上，楼房顶上站着宝贝，宝贝在擦地板，地板是树木做的。

★冬瓜 地图 马铃薯 耳朵 大街 钥匙 时钟 飞机 棉花 电灯 纽扣

可以这样联想：冬瓜放在地图上，地图盖着马铃薯，马铃薯长着耳朵，耳朵伸到大街上，大街上有一把巨大的钥匙，钥匙插在时钟里，时钟放在飞机上，飞机在棉花上，棉花里有个发光的电灯，电灯别在纽扣上。

★墨水 面包 冰箱 西红柿 眼睛 面条 竹子 杯子 热水 月亮 眉毛 树梢

可以这样联想：墨水洒在面包上，面包放在冰箱里，冰箱上有西红柿，西红柿睁着眼睛，眼睛里伸出了面条，面条系在竹子上，竹子下面被做成了杯子，杯子里有热水，热水里有月亮，月亮有长长的眉毛，眉毛挂到树梢上。

★高山 寺庙 佛像 宇宙 地球 恐龙 蛇 老鼠 鸡蛋 老鹰

我们可以做这样的联想：高山上有一座寺庙，寺庙里有一尊佛像，佛像里面装着宇宙，宇宙中有个地球，地球里面有一只恐龙，恐龙肚子里有一条蛇，蛇肚子里有一只老鼠，老鼠肚子里有一个鸡蛋，鸡蛋里面有一只老鹰。

★橡皮 硬地 飞燕 皮毛 眉毛 舌头 木棍 骆驼

可以这样联想：橡皮上有一片硬地，硬地上落着一只飞燕，飞燕身上有皮毛，皮毛中包着眉毛，眉毛上粘着舌头，舌头中卷着木棍，木棍上刻着一只骆驼。

★太阳 月亮 星星 松鼠 雪人 鸭子 喜鹊 饼干 布娃娃

可以这样联想：太阳里有一个月亮，月亮里有许多星星，星星上坐着一只松鼠，松鼠身体里有一个雪人，雪人身上坐着鸭子，鸭子脚上拴着喜鹊，喜鹊肚子里有饼干，饼干里包着布娃娃。

★电热毯 池子 红笔 黑人 白云 窗帘 电脑桌 证人 小道

可以这样联想：电热毯中包着池子，池子中放着红笔，红笔上刻着黑人，黑人身上有白云，白云上挂着窗帘，窗帘中裹着电脑桌，电脑桌上坐着证人，证人身上缠绕着小道。

★帝国 光盘 电线 铁钉 纱窗 房门 电机 河床 沙漠 蓝天

可以这样联想：帝国里有一张光盘，光盘上缠绕着电线，电线上插着铁钉，铁钉上挂着纱窗，纱窗上有房门，房门中有电机，电机上有河床，河床中有沙漠，沙漠中有蓝天。

请你用上述思路进行下列各组词的练习：

①毛笔 火箭 眼镜 饼干 星星 水桶 鼻子 点心 校长 奖状

②被子 中华 日记本 雪花 太阳 西红柿 面包 扫描仪 历史 概念

③银行 天塔 记者 灰尘 月亮 纽扣 插头 化学 性质 药店

④热水器 作者 商人 茶几 棉花 键盘 地理 电池 课程 口琴

⑤主任 敌人 竹子 杧果 物理 身体 鸡蛋 二胡 专家 水杉

⑥生物 机械 农村 校长 冰块 闪电 火鸟 野狼 沙子 野鸡

⑦观赏鱼 健身衣 河流 时装 新车 奶粉 电线杆 飞鱼 发卡 宽带网

⑧表带 书签 中国 证书 章鱼 窗台 米粉 沼泽 水管 电影

⑨空气 皇帝 老人 哑巴 尖子生 不倒翁 书生 文字 子弹 丽人

⑩火柴 人群 冷水 游戏 眼镜 媒体 导演 伤疤 皮包 宿舍

动态串联训练

动态训练思路是：用形象1去撞形象2，再用形象2去撞形象3……如此依次撞击下去，将要记忆的一组形象串联起来。

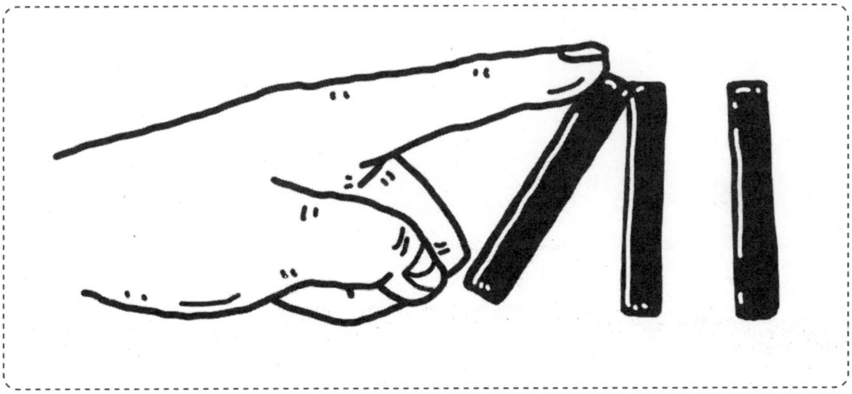

我们通过具体的例子来体会，请根据语言的引导在脑内进行联想。

★飞机 大楼 小楼 人 树 自由女神 月亮 刀 狗 南墙 猫

我们可以做这样的联想：飞机撞到了大楼上，大楼倒塌了，砸到了旁边的一座小楼，小楼倒塌时砸伤了一个人，人因痛撞到了树上，树被撞飞了，撞到了自由女神的身上，自由女神被撞倒在月亮上，月亮挨撞后掉了下来，重重地落到了一把刀上，刀飞了起来，扎在了一条狗的身上，狗忍着疼痛一头扑向南墙，南墙倒了，砸伤了一只猫。

（注：这里略去了对两个形象联系前的浮现形象及联系后的用心感受这两步的陈述。）

请根据文字引导继续联想：

★展台 灯泡 桥 鹰 女子 宇航员 英才 武将 将军

可以这样联想：展台倒塌，砸到了灯泡，灯泡被倒塌的气流炸飞起来撞到了桥，桥塌了砸到了桥下面的一只鹰，鹰死之后掉到了一个女子的身上，女子歪倒，碰倒了身旁的宇航员，宇航员又碰倒了英才，英才倒在武将的身上，武将最后一头撞向将军。

★电影院 光盘 录音机 电视 花 原子 蔬菜 水草 麦田

可以这样联想：电影院倒塌，砸坏了光盘，光盘碰坏了录音机，录音机又碰坏了电视，电视打坏了花，花落下去碰到了原子，原子落进了蔬菜，蔬菜缠住了水草，水草卷住了麦田。

★人 猪 闪电 云 飞机 小鸟 月亮

可以这样联想：人突然被猪撞倒了，猪又被闪电击中了，闪电被厚厚的云扑灭了，云被飞机撞散了，飞机被小鸟撞坏了，小鸟又被月亮撞死了。

★松鼠 月亮 太阳 目光 黑板 空调 电脑 光盘 化妆盒 屏幕

可以这样联想：松鼠被天上掉下来的月亮砸到了，月亮又被转来转去的太阳撞到了，太阳被迎面而来的目光射穿，目光被黑板压坏，黑板被倒下来的空调砸坏，空调又被旁边的电脑砸坏，电脑被不知道哪里飞来的光盘打坏，光盘被化妆盒打坏，化妆盒被歪倒的屏幕砸坏了。

★皮肤 香菜 杧果 梧桐 瓢虫 程序员 喜鹊 书本 文物 扫帚

可以这样联想：皮肤被香菜染绿，香菜被树上掉下来的杧果打弯，杧果被歪倒的梧桐砸烂，梧桐被飞来的瓢虫撞倒，瓢虫被程序员打死，程序员被喜鹊吃掉，喜鹊被书本压在下面，书本被文物砸坏，文物被墙角的扫帚打坏。

★书 木材 沙子 大炮 汽车

可以这样联想：书是由木材加工变化而来的，木材是由沙子所组成的，沙子是用大炮压碎后变成的，大炮是由汽车改造而来的。

★牙齿 糖果 沙包 老鼠 灯泡 雨伞 炮弹 心脏 眼球 台灯

可以这样联想：牙齿是由白色的糖果做成的，糖果是沙包做成的，沙包是老鼠的皮做的，老鼠蜷缩起来时和灯泡的形状有些相同，原来它是一只灯泡变的，灯泡是雨伞收缩变成的，雨伞是拆开的炮弹做成的，炮弹是一颗大大的心脏，心脏是由无数个小小的眼球组成的，眼球是亮着的台灯做的。

请你按以上思路进行以下词组训练：

①物质 对手 光线 足球 森林 服务生 角落 位置 皮肤 自由女神

②月亮 小狗 波浪 浪花 单位 飞机 火箭 君子 小人 美女

③尺子 原子 河流 湖泊 长城 党员 原子核 名誉 名气 彩虹

④彩霞 洪水 岛屿 群众 观众 液体 掌心 金属 美酒 资源

⑤资金 电视 战斗 病人 影碟 球员 樱花 地铁 牙齿 飞机

⑥教练 文化 宇宙 民族 分子 草原 团员 队员 演员 婴儿

⑦宝物 乐器 钢琴 计谋 占有 唱片 火炉 咖啡 梨花 鸟

⑧大楼 楼房 娱乐 广场 卫星 光盘 盆地 高原 明星 宝剑

⑨房屋 本领 岗位 幼虫 果实 豆腐 扇子 仙人掌 包裹 大海

⑩大树 广告 婚姻 山脉 元帅 元勋 妙语 成虫 肥皂 战役

结构组成训练

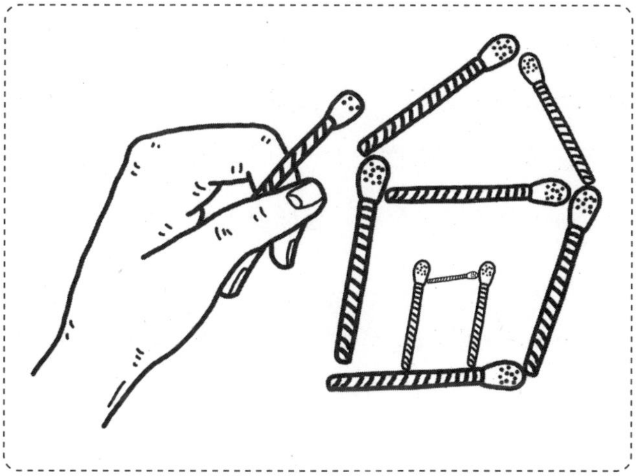

结构组成训练的思路是：由形象1的大量累积合成形象2，再由形象2的大量累积合成形象3……以此类推地联系下去，将一组形象串联在一起。

我们看下面例子的联想思路并体会：

★蚂蚁 地图 小山 地球 沙漠 海水

我们可以做这样的联想：很多蚂蚁聚合在一起，形成了一幅地图，许多地图叠加成一座小山，许多小山组成了一个地球，一个个地球堆积在一起，形成了沙漠，一片沙漠连在一起，汇成了海水。

（注：这里略去了对两个形象联系前的浮现形象及联系后的用心感受这两步的陈述。）

请跟着文字的引导继续联想：

★主持人 眼睛 钟摆 问号 叶子 路灯 身体 玻璃 作业本 苹果 罪犯

可以这样联想：很多个主持人排在一起，组成了一个眼睛的图案，一只一只眼睛一个挨一个地挂在一起，形成了一个钟摆，一个一个钟摆堆在一起形成一个问号，很多个问号组成了一片巨大的叶子，大片大片的叶子堆加在一起，形成了一个叶形的路灯，一个个路灯堆在一起堆成了一个身体，这些透明的人体，一个一个放在窗子上，形成一块巨大的玻璃，很多块玻璃放在一起，叠成了一个作业本，很多很多个作业本堆积在一起，变成了一个大苹果，很多个苹果聚合在一起形成了一个罪犯形象。

★头发 望远镜 汽车 铁块 树林 老鹰 地铁 手机 军帽 星星 花盆

可以这样联想：许多根头发被扎在一起形成了一架望远镜，很多个望远镜被挤压在一起，做成了一辆汽车，很多辆汽车堆在一起，被挤压成一个铁块，许许多多的长条形铁块竖在地上变成了一片树林，一片一片的树林紧紧排在一起像一只巨大的老鹰，很多老鹰整齐地落在地上，形成了一列地铁，一列列的地铁摞在一起形成了一个手机，一个个的手机摆出一顶军帽，一顶顶军帽挂在天空中，形成了一颗颗星星，一颗颗星星被压在一起组成了一个亮晶晶的花盆。

★鱼 面 沙粒 贝壳 石头 煤 录音机 炮弹

可以做这样的联想：鱼是用面捏出来的，面是由一粒粒沙粒组成的，沙粒是由一个个的小贝壳充当的，贝壳是用石头雕成的，石头是由一块块煤做成的，煤是由一个个录音机堆在一起形成的，录音机又是用一枚枚炮弹做的。

★道路 汽车 木桶 芝麻 草 士兵 冰山 银杏 垃圾 楼房 花岗岩

可以这样联想：道路是用汽车铺成的，汽车是用带轮的木桶充当的，木桶是用芝麻堆起和打造成的，芝麻是用草来冒充的，草是用一个个的士兵组成的，士兵是用冰山雕凿出来的，冰山是用银杏堆积而形成的，银杏是用垃圾组成的，垃圾是由楼房组成的，楼房的所有设施都是由花岗岩做的。

★汽车 足球 地图 风景 小刀 金子 石头 土

可以这样联想：汽车的轮子是足球做的，足球上的花纹很像一张中国地图，这幅中国地图上有一片很独特的风景，风景中有一个小刀形的湖，小刀的刀把是金子做的，金子中掺有石头，石头缝里夹着一点土。

请你按此思路做以下词组训练：

①游戏 牢骚 雷击 钱包 发动机 手套 平衡木 口罩 声音 风火轮

②钢架 拉链 米饭 清水 泉眼 云彩 油画 白发 手推车 照明灯

③地毯 水泵 葡萄酒 夜光杯 地球 中国 地图 孔雀 凤凰 酒杯

④旗帜 鸽子 冰激凌 雨滴 扇子 火车 面条 金钗 红烛 旗袍

⑤流浪汉 蜘蛛 牛 苍蝇 山羊 遥控器 高山 大海 大陆 解放军

⑥北京 磁带 轿车 故事会 桑塔纳 背包 技巧 笔筒 脚上 夹子

⑦饼干 茅台 马桶 石头 电棒 出版社 水桶 教师 名言 学生

⑧教育 价值 编辑 封面 方法 牛车 文盲 化学 画家 生物

⑨达尔文 教育家 成绩 差距 习惯 智力 良师 水平 钥匙 作者

⑩冰箱 印刷厂 内容 深圳 科学 规划 课题 课堂 艺术 基础

串联综合训练

串联综合训练的思路是：在记忆一组词时，选择最熟悉的、最容易使用的方式，结合自己的生活经验去联想。在串联综合训练中，我们已经向大家介绍了几种对于形象词予以记忆的形象方法，这些形象词记忆的训练方法既可被单一使用，也可相互间交替使用，因此，这几种方法的使用方式灵活多样。

我们看下边例子的思路体会一下：

★乒乓球 暖瓶 大炮 家 地球 蚂蚁 大树

可以做这样的联想：用乒乓球做暖瓶的瓶塞，用暖瓶充当大炮的炮弹，把大炮当作家中的自卫武器，家是人类在地球上的住所，地球被装在蚂蚁的肚子里，蚂蚁常在大树上爬。

★铅笔 大象 飞机 大楼 黄金 萤火虫 月亮 嫦娥 大海 美人鱼 海浪 白云 怪兽

可以这样联想：铅笔砸到大象的身上，大象腾空而起跳到了飞机上，飞机失去了平衡撞进大楼里，大楼里处处是黄金，黄金突然变成了萤火虫，萤火虫飞到月亮上，月亮上的嫦娥受到了惊吓跳到大海里，变成了美人鱼，一个个美人鱼形成了海浪，海浪翻向天空与白云相接，白云的形状变得像只怪兽。

★拐杖 电脑桌 皮鞋 老虎 蛇 商店 售货员 猴子 老黄牛 农科院

可以这样联想：拐杖打断了电脑桌的桌腿，电脑桌倒下压扁了一双皮鞋，皮鞋的花纹像一只老虎，老虎被一条蛇死死缠住，蛇被放在商店，售货员把它卖给了猴子，猴子骑在老黄牛身上，去了农科院。

★蜘蛛 小麦 香油 江苏 珍珠 石头 中草药 木匠 房子 蜗牛 练习簿

可以这样联想：蜘蛛将网结在小麦里，小麦磨碎后制成香油，香油是江苏的特产，装在珍珠里，珍珠是由石头变成的，石头是一种中草药，中草药救活了一位木匠，木匠盖了一间房子，房子里养了一只蜗牛，蜗牛趴在练习簿上。

请参照上述例子进行以下词组的联想：

①猪八戒 茶花 橘子 八路军 钳子 信用卡 痛 楼台 楼板 企业

②马车 乳制品 花朵 花园 煤矿 杂技团 录像带 化肥厂 屋子

③用意 花生 细胞 茶叶 蛋糕 粉笔 西红柿 服装 细胞 电话机

④杜鹃　火柴　火焰　弹药库　少林寺　网络　阳光　计策　帐篷　钢琴

⑤小说　军事　时间　建筑　名单　仇恨　敌人　电车　公司　芝加哥

⑥纪念物　办公室　火车　总统　锄头　发言人　奇招　香烟　旅馆　市场

⑦春天　浴缸　华盛顿　顿号　双臂　窘境　松鼠　陷阱　咖啡　抽屉

⑧天桥　电线　蓝莓　松子　野果　山　树林　东北　黑龙江　胆小鬼

⑨鬼神　神话　神仙　修仙　武术　武林　江湖　粉笔　效率　暖气

⑩谎言　酒精　话务员　科技　企业　胆量　美元　条件　理论　商业

⑪嘉宾　宝剑　制度　寺庙　雨露　花朵　蜜蜂　工人　榴梿　飞机

并联记忆模式训练

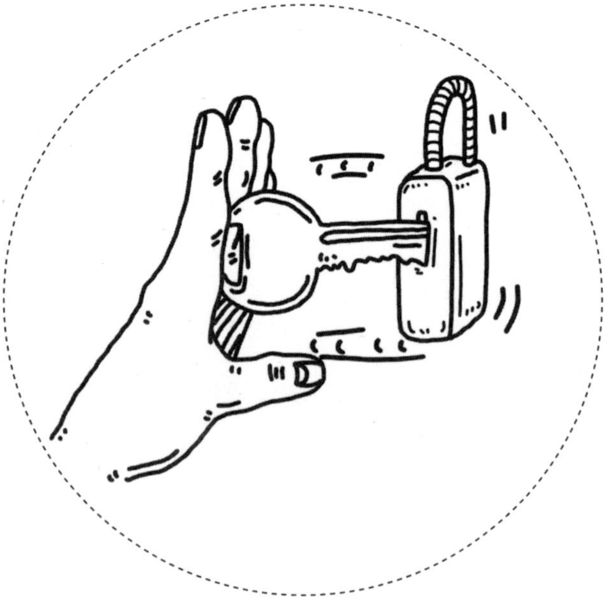

并联记忆与串联记忆模式相反，是指需要记忆的诸多对象之间并不直接发生联系，把这些对象与我们已熟悉的、能回忆的各个形象相并联进行记忆。这需要一个可并联的载体，即并联体，将各个形象并联到一起。

在大脑中可以按某种

方法进行回忆的东西，都可作为并联体，这里我们以自己非常熟悉的、能够回忆的身体做并联体进行讲解。

首先，我们给自身的部位编号，每5个分为一组，共6组；然后，再把30个需记忆的词与人体的30个部位一一对应联系起来，只要我们记住了每一个部位的编号，就能记住与其相联系的词。

并联记忆之所以能让我们实现正背、倒背、抽背，奥秘就在这里。

头发；前额；眉毛；眼睛；鼻子；耳朵；嘴唇；牙；舌头；下巴；脖前；脖后；脖侧；肩头；腋下；大臂；肘；小臂；手腕；手掌；胸前；背部；身体的侧面；腹部；臀部；大腿；膝盖；小腿；脚踝；脚。

下面通过以下各组词汇的记忆体会并联记忆的方法和思路：

★飞机　中国　毛笔　西施　玻璃　耳环　花瓶　核桃　硫酸　桌子　手牌子　刀　粮食　雨伞　纪念章　人　铁丝　虫子　黄土　船　水　宝剑　刀被子　手榴弹　石头　沙袋　树枝　牛皮

用并联记忆模式联想的思路是：某人的头发上拴着一架飞机，前额写着中国两个字，眉毛是用毛笔画的，眼睛里面有一个西施，鼻子上贴了一块玻璃，耳朵上戴着耳环，嘴唇吻着一个花瓶，牙齿咬着一个核桃，舌头在舔硫酸，下巴托在桌子上，脖子被一只手掐着，脖子的背后插着一个大牌子，脖子侧面插着一把刀，肩上扛着一袋粮食，腋下夹着一把雨伞，上臂戴着纪念章，肘部撞了一个人，小臂缠着铁丝，手腕上爬着一条虫子，手抓着一把黄土，胸腔里装着一只船，背上有水，腰上别着宝剑，腹部插着一把刀，臀部坐在被子上，大腿上绑着手榴弹，膝盖跪在石头上，小腿上绑着沙袋，足踝上缠着树枝，脚踩着牛皮。

请按文字提示在脑内进行联想。

★灯泡 标语 小说 衣服 英国人 汽车 钢笔 杯子 月亮 工厂 乐谱 铁铲 楼梯 花朵 猴子 粉笔 垃圾桶 蝴蝶 轮胎 眼镜 树叶 羽毛 椅子 书包 气球 山羊 沙子 报纸 床单 飞船

可以这样联想：头发里有一个灯泡，前额贴着标语，眉毛上系着小说，眼睛看着一件衣服，鼻子上坐着一个英国人，耳朵挂着一辆汽车，嘴唇像一支钢笔，牙齿咬着杯子，舌头在舔月亮，下巴放在工厂上，脖子上挂着一张乐谱，脖子的后面竖着一把铁铲，脖子的侧面靠着一层楼梯，肩上长满花朵，腋下夹着一只猴子，上臂夹着一支粉笔，肘部撞到垃圾桶，小臂上落了一只蝴蝶，手腕上套着一个轮胎，手里拿着眼镜，胸腔里落满树叶，背上长满羽毛，腰上别着一把椅子，腹部捆着一个书包，臀部坐在气球上，大腿上拴着一只山羊，膝盖跪在沙子上，小腿上包着报纸，足踝上系着床单，脚踩在飞船上。

★金字塔 毛巾 铲子 鸡蛋 大象 葡萄 地球 梳子 算盘 电话 硬币 海螺 打印机 房子 步枪 足球 鱼 水泥 风筝 金子 铁门 火星 风车 钥匙 钉子 闹钟 象棋 玩具熊 牙刷 大厦

可以这样联想：头发上系了一座金字塔，前额系着一条毛巾，眉毛像一把铲子，眼睛睁得像一对鸡蛋，鼻子上挂了一头大象，耳朵上戴了两串葡萄，嘴唇吻着地球，牙齿咬着一把梳子，舌头在舔算盘，下巴上挂着电话，脖子上系着许多硬币，脖子的后面吊着一只海螺，脖子的侧面系着一台打印机，肩上扛着一座房子，腋下夹着一支步枪，上臂拴着一个足球，肘部撞上一条鱼，小臂上粘满水泥，手腕上系着一只风筝，手里捧着金子，胸腔像一个铁门，背上背着火星，腰上别着风车，腹部挂着一把钥匙，臂部扎满钉子，大腿上绑着闹钟，膝盖上粘着象棋，小腿上绑着玩具熊，足踝缠着牙刷，脚踩大厦。

练习：

①少年 青年 中年 老年 商店 商品 主持人 寺庙 寺院 武术 英语 竹叶 主人 客人 权利 义务 寄生虫 装饰品 眼珠 水珠 算盘 手提包 电脑 计算机 化肥 罪犯 妻子 丈夫 儿子 太阳

②月亮 星星 太空 地球 垃圾 尘土 种子 幼苗 金星 物体 重量 地图 小学 中学 大学 制度 刑具 行李 泪光 泪水 地址 地点 地位 员工 老板 经理 价格 价钱 茉莉花 切尔西靴

③董事长 董事会 秘书 总裁 主管 人类 网络 科技 音乐 艺术 人生 奇迹 家庭 词性 欧洲 亚洲 非洲 松木 真理 头脑 针 人才 珍珠 宝贝 结晶 餐厅 玻璃 巧克力 水晶 剪刀

④血液 昆虫 蚯蚓 肢体 汉字 痕迹 将军 灵魂 哲学家 课桌 瑞雪 船桨 办法 结果 目的 陆地 礼物 空气 老人 兵马 大豆 乞丐

父亲　母亲　战争　战场　力量　玉器　羽绒　棉花

⑤水果　香蕉　苹果　橘子　梨　桃　灯光　松树　桑树　槐树　葡萄　马路　村庄　村落　眼睛　鼻子　食物　热水　茶　果实　豆腐　扇子　肥皂　战役　电视　战斗　病人　影碟　唱片　火炉

⑥咖啡　仙人掌　显然　天使　翅膀　舞台　博士　硕士　人员　大枣　车子　汽车　回忆　事情　显示器　交通工具　歌舞　屏幕　教练　文化　娱乐　广场　广告　波浪　海浪　美人鱼　飞机　大炮　美梦　旅游

表象联想法

这是将需要识记的东西与其实物表象联系起来的方法。如识记“蚯蚓”这个词的概念，只记这两个字不易巩固，必须在脑子里浮现出那种长长的物象才行。浮现物象时，头脑要像展开的银幕那样，看着文字，听着读音，当场把银幕上的物象描

绘出来。这样经过多次练习，养成习惯，就容易把物象印到脑海里。

使用表象联想的要领是：

◎尽可能把知识对象在脑海里变换成具体物象。如学“寄居”一词时，就想象自己正住在姥姥家。

◎多用夸张物象的方法。如学“细菌”一词时，就把它扩大到像在教科片中看到的那种细菌物象。

◎把抽象的东西化为具体的东西。如“含英咀华”这个抽象成语可能令人费解，你可把自己比作正在摇头晃脑地欣赏一篇好诗文的老学究。

◎有时要记众多事项，可用整体物象法记忆。

练习：

毛笔　火箭　眼镜　校长　星星　蜂蜜　蛋糕　苹果　香蕉　牙膏　面包　牛奶　毛巾　鸡蛋　寄人篱下　张冠李戴　花红柳绿

接近联想法

这是根据有些事物在空间或时间上有所接近之处而建立起来的联想方法。如看到带鱼，马上会想到大海；关里人提到哈尔滨，必然想到气候寒冷、冰灯、冬泳等现象；一提到井冈山，会想到朱德和毛泽东曾在那里会师等，这些都是因为在空间上有接近之处。又如，一提起诸葛亮，马上就会想到“借东风”和“三顾茅庐”；一提起鸦片战争，马上就会想起1840年林则徐的禁烟运动等，因为这些事情在时间上接近。学习中，如果运用这种方法，把遇到的事实、事物和学到的知识，与接近的事物联系在一起，形成空间或时间上有相关之处的系统，就可产生联想，帮助记忆，而且提起一种东西就可能联想到一大串内容。

练习：

李白　杜甫　霍去病　文天祥　韩愈　刘禹锡　陆游　辛弃疾　李煜　刘翔　姚明　周杰伦　韩红　珠联璧合　完璧归赵　卧薪尝胆　四面楚歌　草船借箭　破釜沉舟　闻鸡起舞　约法三章　怒发冲冠　孟母三迁

类似联想法

这种联想是根据事物之间在现象或本质方面有类似之处而建立起来的联想。类似联想主要是突出事物的共同性和相似性，它对学习和记忆发挥着重要作用。如集中识字教学之所以能得到大力推广，就是因为它利用了汉字结构具有音、形、义方面的类似性，依据汉字的造字规律，抓住特点，把常用汉字分别归纳成不同的类，然后编成《快速集中识字手册》在全国进行推广的。又如，平行四边形的面积公式的导出，就是利用两个全等三角形的相似特点推出来的。把

一个平行四边形的两个对角顶点连起来，就构成两个全等三角形，而三角形的面积公式是“底乘高除二”，两个全等三角形合起来构成的平行四边形，正是一个三角形的两倍，两两抵消，得出平行四边形面积公式是“底乘高”，这样就很容易记住了。

类似联想在各科教学和学习中使用非常广泛，它要求在合乎逻辑、忠于现实的前提下进行。不合逻辑、违背现实的两种事物，不能强行联系起来。类似联想用得好，不但对高效记忆有作用，而且有利于创造性才能的发挥。

在外语单词里，有发音相似的，有意义相似的，这些都可以利用相似联想法来帮助记忆。辽宁黑山北关实验学校和北京景山学校在小学低年级试验了一种集中识字的方法，可使学生在两年内认识两千五百个字，阅读一般的书籍报纸。这种识字法就运用类似联想记忆法的道理，把字形、字音相近，能互相引起联想的字编成一组一组的，像把“扬、肠、场、畅、汤”放在一

起记，把“情、清、请、晴”放在一起记。每组汉字的右边都是相同的，每组字的汉语拼音也有共性，前一组的汉语拼音后面都是“ang”，后一组的汉语拼音都是“qing”，这样就可以学得快、记得住。

用联想法学习外语也很好用。学习外语，初学者往往喜欢用生词卡，把一个个外文单词及其音标、词类和中文词义记在单词卡上，一有空就拿出来看看读读，这的确是个有效的方法。但是，利用上面提到的联想规律，就能够增进这种方法的记忆效果。

◎将词形相似的词放在一起记。便如：preserve、reserve、observe、deserve 4个词都用了词根serve，把它们放在一起记，利用相似联想，既利于找出它们之间的内在联系，又利于辨别、区分它们的中文词义。

◎将中文词义相同或接近的词放在一起记。例如：get、obtain、acquire、gain 4个词都有“得到”的意思，把它们放在一起记，利用接近联想，可以举一反三，提高记忆效率。

练习：

区分 ill pill hill till kill fill skill gill

区分 like love enjoy

对比联想法

对比联想是根据事物之间往往具有的对立性特点而建立起来的一种联

想。如由热想到冷，由甜想到苦，由爱想到恨，由落后想到进步等。由于想到的事物具有对立性，因而将其归纳到一起。

用对比联想增强记忆，效果就特别显著。小学语文教学中，常把同义词与反义词联系在一起教；中学分析小说时，常将这一人物与另一人物的形象对比起来教，能增强感染力；数理化教学中，也可将彼此对立的定理、公式、规律等归纳起来，运用对比联想帮助记忆。对比联想在学习和教学中的运用非常广泛，是提高记忆效率的极好方法。

许多诗集、对联大多是按对仗的规律写出来的。如：杭州岳飞庙有这样一副楹联，写的是“青山有幸埋忠骨，白铁无辜铸佞臣”。“有”和“无”是相反的，埋忠骨和铸奸臣是相对的。相传这里埋着民族英雄岳飞的忠骨，后人由于痛恨奸臣秦桧用阴谋害死了他，用铁铸了秦桧夫妇的跪像放在墓前。只要记住这副对联的上句，下句也就不难凭对比联想回忆起来了。

我们背律诗，往往感到中间两联好背，原因就是律诗的常规是中间两联对仗。对仗常用这种对比，例如“金沙水拍云崖暖，大渡桥横铁索寒”。又如唐朝诗人王维《使至塞上》的中间两联：“大漠孤烟直，长河落日圆”。相对比之处很多，由前一句可以很自然地想起后一句。英语中将反义词放在一起记。例如：black（黑）与white（白）、superior（上等的）与inferior

（下等的）词义相反，把它们放在一起，利用对比联想，由一词引起对它的反义词的回忆。

联想记忆法用在商业广告上有时会收到意想不到的效果。例如，1931 年，上海有家汽车出租公司，他们电话号码是“40000”，为了使乘客能记住这个电话号码以招徕生意，他们就利用人民群众当时高涨的爱国热情，大力宣传“四万万同胞请打‘40000’号电话”，这就使它很快成为上海最大的一家出租汽车公司。

总之，联想记忆的方法多种多样，若能领会其中的精神并加以应用，定能获得更好的效果。

练习：

人生有酒须当醉，一滴何曾到九泉！（高翥）

十五从军征，八十始得归。（贺知章）

人无千日好，花无百日红。（《水浒传》）

山河破碎风飘絮，身世浮沉雨打萍。（文天祥）

山不厌高，水不厌深；周公吐哺，天下归心。（曹操）

青山横北郭，白水绕东城。（李白）

第三节 理解记忆法

人们常说，理解是记忆的第一步。在日常生活和工作中，经常有许多事物应该记住但却没有记住，往往是由于只注意枝节，而忽略了对本质的理解造成的。

心理学认为，理解是通过利用现有的知识在事物与事物之间建立起一种逻辑联系。在积极思考、达到深刻理解的基础上记忆材料的方法，叫作理解记忆法。

理解记忆的基本条件是对材料的理解和进行思维加工。有些材料，如科学要领、范畴、定理、法则和规律、历史事件、文艺作品等，都是有意义的。人们记忆这类材料时，一般都不采取逐字逐句强记硬背的方式，而是首先理解其基本含义，即借助已有的知识经验，通过思维进行分析综合，把握材料各部分的特点和内在的逻辑联系，使之纳入已有的知识结构，以便保持在记忆中。理解记忆的全面性、牢固性、精确性及迅速有效性，依赖于学习者对材料理解的程度。

理解记忆的效果优于机械记忆。德国著名心理学家艾宾浩斯在做记忆的实验时发现：为了记忆住12个无意义音节，平均需要重复16.5次；为了记住36个无意义章节，需重复54次；而记忆六首诗中的480个音节，平均只需要重复8次！这个实验告诉我们，凡是理解了的知识，就能记得迅速、全面而牢固。不然，愣是死记硬背，那真是费力不讨好。

理解记忆是以理解材料内容为前提的。这种理解不仅指看懂了材料，而且包括搞懂了材料各部分之间的逻辑联系，以及该材料和以前的知识经验之间的关系。

我们平常说的泰国首都曼谷，实际上这是一个简称，泰国首都的全称是“共台甫马哈那坤奔地娃劳狄希阿由他亚马哈底陆浦改劝辣塔尼布黎隆乌冬帕拉查尼卫马哈洒坦”，共41个字。要把这41个字都背下来，可不是一件容易的事，恐怕比记圆周率小数点之后41位还要难得多。

我们不妨来背背这两首诗，一首是李白的《望庐山瀑布》：日照香炉生紫烟，遥看瀑布挂前川。飞流直下三千尺，疑是银河落九天。还有一首是唐朝著名诗人王之涣的《登鹳雀楼》：白日依山尽，黄河入海流。欲穷千里目，更上一层楼。这两首诗的总字数比泰国首都全名还要多7个，可是只要读几遍也就会背了。原因就在于这两首诗形象易懂。

怎样进行理解记忆

既然记忆有这种规律特点，那么在学习的时候就要经常有意识地运用理解记忆，在记忆的时候展开积极思维，这样才能取得良好的效果。如果在可以运用理解记忆的时候不去运用，而偏偏要使用机械记忆进行无意义的重复，那可就不止事倍功半，而是相差十倍百倍了。

我们在记忆材料的时候，只要它是有意义的，就应该向自己提出“先理解、后记忆”的要求，把材料分成大小段落和层次，找出它们之间的逻辑联系，而不要从一开始就逐字逐句地记忆。例如背古文，如果不把古文的意思弄懂，那么就会像背天书一样，非常吃力。如果把古文里的实词、虚词都弄懂了，把全篇的中心意思掌握了，这时再背，就是在理解基础上记忆，背起来就有兴趣得多，也快得多，印象也深得多。

我们说理解记忆效率高、效果好，是不是说只要理解了就一定能记住呢？这可不一定。对于理解的东西，往往也还需要多次重复才能记住。有的人理解了某个学习内容，就以为学习过程已经结束，没有有意识地要求自己记住它们，不再通过重复加深印象，那也是不可能把学习内容完全、准确地记住的。

在阅读比较容易的文章时，理解仅表现为感知，也就是说一下子想到从前所掌握的知识，或者马上能够从现有的知识里抓住所需要的东西，并把它同新的印象结合在一起。但是，在阅读学习不熟悉的和不易理解的知识时，就要利用知识建立新的逻辑联系。理解记忆是以对学习内容的理解为前提的。这种理解，并非指一般的弄懂了，而主要是指掌握了所要学习的内容，特别是各部分之间的逻辑联系，及它与以前的知识经验之间的联系。

理解记忆法，理解是关键，是记忆的基础。要理解，就应对记忆的内容进行分析、判断。掌握它们内在的逻辑联系和层次关系，抓住表现内容实质的关键处（或重点词语，重点句、段，重点步骤等），这样也就在理解中识记了。

有些学生在记忆的时候，总是闷着头一遍又一遍地读。这种枯燥无味的重复诵读，往往不能使大脑皮层处于兴奋状态，必然会降低记忆效果。尝试回忆，虽然比照本宣科费力气，特别是在回想不起来的时候，就要开动脑筋。因大脑皮层的神经细胞一直处于兴奋状态，也就容易记住所读的材料。例如，在熟记英语单词后，可以看着英文默写中文，也可以看着中文默写英文，然后对照一下答案，把不对的更正后，再记一下。又如，背诵课文，可以在熟记之后，尝试回忆一下，也就是自己背一下，背不下去时，再看，再记。再如，在识记一个比较复杂的数学定理证明时，在理解的基础上熟记后，也可以尝试用笔演算一遍，证明不下去时，再看书，再记。

如果对一篇较难的材料，或者较长的材料诵读几遍以后，就发现已经记住了其中的大部分，这就会极大地激发学习动机，以及取得成功的喜悦心情，充满信心地去完成余下的记忆任务。当然，也可能在你识记几遍后，发现自己还没有记住，心中不免烦躁起来，这时你应该懂得："烦躁情绪将干扰记忆，影响记忆效果。"最好的办法是控制情绪，使自己心平气和，相信自己的记忆能力，或者这样想："这篇材料难，是应该多记几遍才能记住。"其次，反馈在一定的程序上可以消除疲劳，维持注意力的集中。闷着头一遍一遍地读，这种枯燥无味的重复诵读容易产生疲劳，时间一长，注意力容易分散。如果在记忆的过程中，时时将关于记忆的信息反馈给你，无疑会消除一些疲劳，同时又可以使注意力不断地集中在识记上。因此，尝试背诵记忆法比那种单纯反复地去念、去看、去写的单纯重复记忆方法好。

e.n.j.o.y.enjoy
English
E.N.........?
哦!
ENJOY
English

练习：

《回乡偶书》（贺知章）

少小离家老大回，乡音无改鬓毛衰。

儿童相见不相识，笑问客从何处来。

《送友人》（李白）

青山横北郭，白水绕东城。此地一为别，孤蓬万里征。

浮云游子意，落日故人情。挥手自兹去，萧萧班马鸣。

《春望》（杜甫）

国破山河在，城春草木深。感时花溅泪，恨别鸟惊心。

烽火连三月，家书抵万金。白头搔更短，浑欲不胜簪。

第四节　概括记忆法

这是对识记材料进行提炼、抓住关键来记忆的方法。

人的记忆潜力虽然很大，但是，见什么记什么，见多少记多少，不但是不可能的，而且也是不科学的。有所失才有所得，有所简化才有所强化。识记时，我们必须提炼出材料中的关键部分，然后进行综合概括，形成一个或一组简单的“信息符号”，便于大脑接收、储存和提取。

概括记忆的形式一般有如下几种：

主题概括法

读一本书，学一篇文章，欣赏一首名诗，都需要把握主旨，理解丰富的思想内容和写作特点。如能抓住纲、线，把内容、要点系统完整而又概括性强地串在一起，再去记忆就方便多了。

如学习《实践论》这篇难度较人的论文，如果不总结出中心思想，学过就像一盘散沙，很难实践应用。对它进行“主题概括”，可以这样表达：“这篇文章论述了实践是认识的基础，阐明了在实践的基础上，从实践到认识，由认识到实践的二次飞跃，揭示了认识过程的反复性、无限性、前进性，强调了主观和客观、理论与实践的具体的历史的统一。”这段概括已把全文的中心显示出来了，但仍有难记之感，如果再用“数字概括法”概括一次，即可更为精要，可记为：一个基础，二次飞跃，三性一强调。这样加强记忆之后，就能牢记中心思想。

练习：

信——成功的基石

失足，你可能马上站起来；失信，你也许永难挽回。——富兰克林

对于诺言，现在有些人一向对之毫不顾及，以致有了朝三暮四、出尔反尔、背信弃义、蓬随风转、媚世苟合……种种对诺言的背叛。尤其在连诺言都带有浓重商业气息的今天，我们有必要重新审视一下自己的灵魂，了解那种“三杯吐然诺，五岳倒为轻”的一诺千金的重要性。

记得曾经读过这样一个故事，感触颇深。

百事可乐的总裁卡尔·威勒欧普到一所大学演讲时，答应了一位叫杰夫的商人在演讲后的15分钟里见面谈一谈。演讲时，他谈得兴致勃勃，不知不觉已过了约定的时间。这时他看见有人从台下径直走过来，放下一张名片后转身离去，他发现名片背面写着：您与杰夫有约在先。他这才想起。然而，一面是优秀的大学生，他事业发展的目标甚至动力；一面是一个名不见经传向他请教的

商人。他没有犹豫。他对大学生们说："我有一个约会，已经迟到了，这已是对别人的不礼貌，我不能失约。"他在雷鸣般的掌声中快步走出。后来，人们都对百事可乐产生了信任。

有伟大的人格，才会有伟大的事业，这是千古不易的真理。卡尔遵守承诺，使他的人格得到了淋漓的体现，使他的事业走向成功。这样的例子，不胜枚举。

遵守承诺对于一个人甚至整个国家都有着极其重大的作用。法国的拿破仑正是因为没有履行自己立下的承诺，才使他的国家因他而受辱赔款。

在文明高速发展的今天，已有越来越多的人开始重视诚信。在许多国家，公民都建立起了诚信档案，凡是有诚信不良记录者，无论学历再高，也会受到人们的排斥。可见诚信在我们的生活中已变得越来越重要了。

诚者，物之始终，不诚无物。是故君子诚之为贵。

作为青少年，我们更应该清楚地认识到诚信的重要性，对于自己的承诺，应真诚、坚决、执着地去恪守，才会拥有光辉的未来，取得真正的成功。

内容概括法

篇幅较长的材料，往往洋洋万言，庞杂多变，难于识记。这就需要抓住内容提要，选择关键性词语、字句，加以重点记忆，以便启发对全部内容的联想。如大至一部作品、一部电影片、一篇长论文的"内容介绍"和章节目录，小至一篇文章、一段事实的记载，甚至一个逻辑性很长的长句子等，都可运用关键性词语、字句进行缩写或概括，使其化多为少，浓缩精华，从而启发回忆，加深理解。

练习：

①公民的八项民主权利分别是：公民享有平等权，即公民在法律面前一律平等；公民享有广泛的政治权利和自由；公民享有宗教信仰自由；公民享有人身自由；公民享有劳动的权利、休息的权利和在老年、生病丧失劳动力时获得物质帮助的权利；公民有接受教育、从事科学文化活动的权利；妇女享有同男子平等的权利；华侨和华眷享有正当权益，受到政府的保护。

②新中国成立后，处理中、印两国关系的原则是：互相尊重领土主权、互不侵犯、互不干涉内政、平等互惠、和平共处的五项基本原则。

缩略概括法

在记忆材料中，用心寻找起关键性作用的字、词作为思考的“媒介”，起到以点带面的作用，这就是缩略概括法。

如学习化学中的“氧化——还原”反应时，首先要搞清电子得失与“氧化——还原”的关系，其次要判断出什么物质是氧化剂，什么物质是还原剂，这是非常重要的。当你真正理解后，可用“失——氧——还”三个字作为缩略结构去记忆。意思是：失电子的物质——氧化后——该物质是还原剂。这样，只要记住“失”“氧”“还”三个关键字，即可作为提示，引起对整个意思的联想。有些较复杂的固定词组、名称、概念或成串知识，也可进行缩略，使其成为简化代称。如资本主义两党制国家包括：新西兰、英国、美国、加拿大和澳大利亚。可以这样缩减：首先提取每个国名的第一个字，然后把它们组织在一起，即“新英美加澳”。

练习：

①资本主义总统共和制国家包括：埃及、阿根廷、巴西、墨西哥和印度。

②五岳包括：东岳泰山、西岳华山、南岳衡山、北岳恒山、中岳嵩山。

③丝绸之路经由：长安、河西走廊、新疆、安息、西亚、大秦等。

数字概括法

这是用数字概括事实、内容或语句，从而增强记忆的方法。如习惯使用的“五讲四美”“四化建设”“三大纪律八项注意”“三纲五常”“四书五经”等，都是人们约定俗成、寓意鲜明、容易引起回想的记忆方法。

学习中有些较复杂的内容，也可尝试一些用数字概括帮助记忆的方法。如记忆炼铁的主要化学反应及炼铁高炉的构造时，可以把它们概括为“三个五”。即炼铁过程有五个主要化学反应式（略）；高炉由五个部分组成（炉喉、炉身、炉腰、炉腹、炉缸）；高炉有五个进出口（灰入口、进风口、高炉煤气出口、出渣口、出铁口）。记住这“三个五”，共十五项小内容就可进行回忆。

练习：

①阿佛伽德罗定律："在相同的温度和压强下，相同体积的任何气体都含有相同数目的分子。"

（答案：概括为四同：同压、同温、同体、同分。）

②中国共产党过渡时期的总路线内容：工业化，对农业、手工业、资本主义工商业的社会主义改造。

（答案：概括为"一化三改"。）

顺序概括法

这是按照需要识记的事实材料的顺序进行记忆的方法。如历史事件的发生、各种条约的条款、历史上的各种变法及改革等内容，都可编成简化顺序，用概括词记住较复杂的内容。如"王安石变法"的五项内容是：青苗法；募役法；农田水利法；方田均税法；保甲法。记忆时可顺序概括为一青、二募、三农、四方、五保。只要记住五个主要字，即可回想起全部内容。

练习：

①中日《马关条约》的主要内容有：割辽东半岛、台湾及其附属岛屿、澎湖列岛给日本；赔偿日本军费白银二亿两；开放沙市、重庆、苏州、杭州为商埠，日本轮船可沿内河驶入以上各口；允许日本在中国的通商口岸开设工厂，

产品运销中国内地免收内地税。

②中英《南京条约》的主要内容为：中国割让香港；向英国赔款2100万银元；开放广州、福州、厦门、宁波、上海等五处为通商口岸，英国可派驻领事（通称五口通商）；废除“公行”制度，英商可以与中国商人自由进行贸易；中国抽收进出口货的税率由中英共同议定。

第五节　歌诀记忆法

这是把识记材料改编成歌诀的形式来记忆的方法。大量实践经验证明：有节奏有韵律的材料，比没有节奏没有韵律的材料要好记得多。

由于歌诀记忆法要求语言编码韵律化，所以，所识记的材料应具有下面的特点：

◎语音和谐，节奏鲜明，顿挫有致，朗朗上口，容易引起人们的兴趣和注意。

◎语言精练，句式整齐，化繁冗为简短，变凌乱为有序，这样既便于存储，又利于检索。

编制歌诀的常用方法有：

罗列法

如《现代汉语修辞歌》为：比喻、借代、比拟，夸张、双关、反语，设问、反问、反复，对照、对偶、排比。

标点符号：

一句话说完，画个小圆圈（。句号）

中间要停顿，小圆点带尖（，逗号）

并列词句间，点个瓜子点（、顿号）

并列分句间，圆点加逗号（；分号）

疑惑与发问，耳朵坠耳环（？问号）

命令或感叹，滴水下屋檐（！感叹号）

引用特殊词，蝌蚪上下窜（“”引号）

文中要解释，两头各半弦（（）括号）

转折或注解，直线写后边（——破折号）

意思说不完，点点紧相连（……省略号）

特别重要处，字下加圆点（·着重点）

概括法

如《中国历史》科技文化主要成就：

★夏商周

炎黄子孙创奇迹，五千年中华文明史。

奴隶社会夏商周，始有文化与科技。

夏朝已经有历法，人们开始用铜器。

商朝发明甲骨文，记载日食与月食。

商司母戊大方鼎，四羊方尊造型奇。

工艺高超花纹秀，青铜铸造兴盛期。

西周织机能提花，前776（年）月食记。

★春秋

春秋文化发达始，《诗经》最早诗歌集，

全书三百零五篇，多为西周春秋诗。

道家老聃《道德经》，儒家学派孔子始。

大军事家名孙武，《孙子兵法》早著世。

九九乘法口诀表；彗星早欧两千余。

发明创造数鲁班，攻城器械木云梯，

木人木鸟木车马，后世木工尊祖师。

★战国

战国时期数七雄，屈原《离骚》负盛名。

《孙膑兵法》名著作，司南指向已发明。

神医扁鹊反迷信，望、闻、问、切诊疾病，

丸、散、膏、丹汤药液，华夏中医祖师称。

《黄帝内经》经典书，病理病候三百种。

驰名中外都江堰，设计主持秦李冰。

三十七次日食测，鲁国三十三次证。

魏人石申楚甘德，《甘石星经》定恒星，

八百恒星书中载，一百三十位测定。

天文历法利农业，春夏秋冬季分清。

思想学派各主张，墨、儒、道、法百家争。

古代文化瑰宝最，宴乐铜壶铜编钟。

★秦朝

前221（年）秦统一，筑接燕赵城万里，

统一字币度量衡，秦兵马俑世奇迹。

★汉朝

前202（年）西汉立，两汉长达四百余，

文化科技成就多，各族经济有联系。

《史记》巨著司马迁，叙史黄帝汉武帝。

《九章算术》专书著，二百四十六个题。

蔡伦改进造纸术，原料易找价便宜。

天文历法张衡精，浑天仪和地动仪，

比欧洲早一千七。

“医圣” 尊称张仲景，《伤寒杂病论》医理。

华佗最早麻醉术，创造体操“五禽戏”。

王充唯物著《论衡》，自然现象日月食。

刘邦建汉王莽败，班固《汉书》断代史。

★三国

东汉结束三国续，魏蜀吴国三鼎立，

科技文化促交流，发展生产与经济。

马钧翻车指南车，攻城输转发石机。

钟繇精心研书法，隶书转化楷字体。

刘徽计算圆周率，一四一六近似值。

★晋朝

王羲之东晋书法家，魏晋各家集精华，

创立独特书风格，行草若云惊天下。

顾恺之擅绘画，线条优美形神佳，

《女史箴图》《洛神赋图》，“体物精微”妙技恰。

★南北朝

民族融合南北朝，各族人民都勤劳，

科学文化得发展，社会生产有提高。

南朝数学祖冲之，前辈成果多吸取，

天文历法机械学，发明创造出奇迹；

一四一五九二六，一四一五九二七，

精确推算圆周率，比欧洲早一千一（百年）；

《缀术》数学专书著，作为教材传朝日。

北魏农学贾思勰，研究农谚和农业，
最早耕作栽培法，《齐民要术》全总结。
唯物思想数范缜，发表著名《神灭论》，
继承荀况王充等，思想遗产多宝贵。
北魏雕刻高水平，云岗石窟规模雄，
艺术宝库图精巧，洛阳龙门也著名。

★隋朝

雄伟壮观赵州桥，隋朝工匠李春造，
拱肩加拱减压力，现存（世界）最好最古老。
历经一千三百年，中外桥史位重要。
隋朝发明雕版术，印《金刚经》质量好。
605（年）凿大运河，南北交通立功劳，
三次派人到琉球，五层楼在战舰造。

★唐朝

唐朝分科办医校，政府编写《唐本草》，
比欧洲早八百年。著名“药王”孙思邈，
医学著作《千金方》，五千处方八百药。
唐朝已经制火药，唐末军事始用早。
烧制著名“唐三彩”，工艺技术显著高。
天文学家僧一行，子午线长最早定。
隋唐南北又统一，繁荣经济广疆域，
封建文化达高峰，成就最大数唐诗；

传世诗人两千二，留诗四万八千余，
内容艺术都完美，李白、杜甫、白居易……
散文韩愈柳宗元，“泰山北斗”名声誉。
颜真卿，柳公权，“颜筋柳骨”书法奇。
著名画家阎立本，“画圣”尊称吴道子，
隋唐敦煌莫高窟，艺术宝库世珍异。

★宋朝

宋史学家司马光，《资治通鉴》世流芳；
张择端《清明上河图》，汴京繁华全都装；
北宋遍用指南针，各国大船敢远航。
《梦溪笔谈》沈括著，十二气历史首创，
早于英国八百年，自然科学最辉煌。
北宋毕昇印刷术，亚欧非洲传播广，
比欧洲早四百年，世界文化贡献长。
宋朝散文进步大，思想现实确表达；
文坛领袖欧阳修，反对空虚辞藻华。
苏洵、苏轼和苏辙，王安石、曾巩文章佳，
唐代韩愈柳宗元，合称唐宋八大家。

★元朝

元朝戏剧最发达，涌现大批剧作家，
关汉卿写《窦娥冤》，思想艺术闪光华。
元科学家郭守敬，创新编制《授时历》，

精密推算与今同，比公历早三百年。

元纺织家黄道婆，革新技术实践中，

创造发明轧棉机，革新工艺适棉农，

传授黎族纺织术，“乌泥泾被”远近名。

★明清

明成祖时国力强，郑和七次下西洋，

1405—1443年，远洋航行世首创。

《本草纲目》李时珍，药物研究再创新，

行医走访集验方，详述各种色彩味。

明末清初宋应星，《天工开物》农工经，

工艺百科全书誉，巨著畅销日法英。

近代科学徐光启，知识广博学外技，

《农政全书》农学论，有注有图有道理。

明清小说最繁盛，众多作品都著名；

施耐庵写《水浒传》，《三国演义》罗贯中，

吴承恩作《西游记》，曹雪芹著《红楼梦》，

《儒林外史》吴敬梓，《聊斋志异》蒲松龄。

黄宗羲，顾炎武，潜心学术向进步，

封建腐朽敢抨击，学问踏实名书著；

王夫之，讲唯物，重视实践事学术；

明末清初思想家，一代宗师尊“三儒”。

简缩法

如《二十四节气歌》：立春、雨水、惊蛰、春分、清明、谷雨、立夏、小满、芒种、夏至、小暑、大暑、立秋、处暑、白露、秋分、寒露、霜降、立冬、小雪、大雪、冬至、小寒、大寒

可以简缩为：春雨惊春清谷天，夏满芒夏暑相连，秋处露秋寒霜降，冬雪雪冬小大寒。

形象法

如《汉语拼音字母歌》为：6是玻（b），反6得（d），一门讷（n），二门摸（m），椅子（h），碰壁（k），拐棍佛（f），伞把特（t），小棒赶猪勒勒勒（l）。

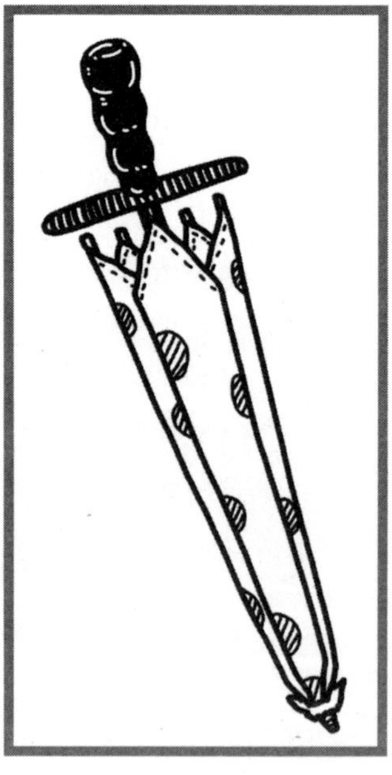

对于一些容易混淆的字，我们用发掘特征的办法编成口诀特别便于记忆，容易分辨。比如，己、已、巳几个字容易混，可以编成这样的口诀：堵巳不堵己（自己的己），半者和念已（已经的已）。买、卖这两个字很多小学生容易弄混，可以运用联想法编成口诀：少了就买，多了就卖。 在日常生活中，人们通常是缺少了什么东西才买，“买”字恰恰比“卖”字少了个“十”字头，因此可以联系

起来记。

多种方法综合起来编口诀也很方便，比如综合罗列法、特征法、直观形象法很快就可以把“熟”字编成这样的口诀：一点一横长，口字在中央，子字来报信，九个一起忙，下点一把火，烧熟一锅汤。这些不同的编口诀方法，我们可以根据情况加以运用。不过要注意的是，如果口诀很不容易编，记忆的对象又并不常用或都很简单，用其他方法记忆很方便，那就用别的方法。否则为了编口诀花去很多时间，就有些得不偿失了。

周恩来总理曾编了记忆全国省份的四句口诀，文化水平不高的警卫战士很快就记住了：两湖两广两河山，三江云贵吉福安，双宁四台天北上，新西黑蒙陕青甘（注：当时还未划分出海南省和重庆市）。第一句说的是湖南、湖北、广东、广西、河南、河北、山东、山西；第二句指的是江苏、浙江、江西、云南、贵州、吉林、福建、安徽；第三句讲的是辽宁、宁夏、四川、台湾、天津、北京、上海；第四句讲的是新疆、西藏、黑龙江、内蒙古、陕西、青海、甘肃。

学习化学必须记住常见元素的化合价，但是零零碎碎很不好记，如果编成口诀，就好记多了：“一价氢钠钾银，二价氧镁钙钡锌，铜汞一二，铁二三，碳锡铅在二四寻，硫为负二和四六，负三至五氮磷，卤素负一三五七，三价记住硼铝金。”

此外，还有特征法、对比法、谐音法等。运用此法，歌诀最好自己编定，语言力求准确精练，内容必须透彻理解。

练习：

①记忆有理数的加减运算规则

（答案：同号相加一边倒；异号相加“大”减“小”，符号跟着“大”的跑。）

②记忆因式分解

（答案：首先提取公因式，其次考虑用公式，十字相乘排第三，分组分解排第四，几法若都行不通，拆项添项试一试）

③记忆托盘天平的使用操作顺序

（答案：先将游码拨到零，再调螺旋找平衡；左盘物，右盘码，取放砝码用镊夹；先放大，后放小，最后平衡游码找）

④记忆酚酞试剂的性质

（答案：小芬太（即酚酞）腼腆，怕碱不怕酸，遇碱脸就红，遇酸色不变）

⑤记忆使用酒精灯的注意事项

（答案：点燃切莫灯对灯，熄灭盖帽莫吹风）

第五堂课

世界脑力锦标赛记忆项目实践

定桩法是很多记忆高手一直在使用的记忆方法。目前全世界最高级别的记忆竞技赛事——世界脑力锦标赛，其中的选手无一例外，全都在使用着这一方法——定桩法。

在这里分享一个关于定桩法的小故事：传说在2500年前的古希腊，当地有个非常有名的富商过生日，生日那天，他请了很多当地的名流来参加他的生日宴会。同时被他邀请的还有当时非常有名的诗人西蒙·尼堤斯，进行现场作诗，以诗来歌颂自己的丰功伟绩。西蒙·尼堤斯面对台下一两千的来宾进行了现场作诗，可他的诗里面不但赞美了富商，还赞美了天上的双子星座。导致富商听了很不高兴，所以只给了一半酬金给他，并且说了一句："还有另一半，你向双子神要去吧。"

正在这时，有人走到西蒙·尼堤斯的面前跟他说："西蒙·尼堤斯先

先生，门口有两个一模一样的人找您.
根本认不出来
TONY!

生，门口有两个长得一模一样的年轻人在找你。”西蒙·尼堤斯来到门口，四处张望，就是没发现有人。正在这时，身后突然一声巨响，宴会厅塌了下来。里面参会的一两千人无一幸免，全部被压得血肉模糊，死者家属也辨认不出到底哪个是自己的亲人。后来西蒙·尼堤斯凭着他超人的记忆力，说出了每个到会人员的名字以及所坐的位置，让家属们都领回了自己亲人的尸体。后来有人传说是双子神救了西蒙·尼堤斯一命。

据说发生这件事以后，西蒙·尼堤斯就想，我可以记住每个人的名字以及所坐的位置，如果我用这些位置来记其他信息会不会也能记住呢？于是，西蒙·尼堤斯经过多次试验证明，用位置来记东西非常快速，也记得非常牢固。把那些要记的信息跟我们已经熟悉的桩子进行联想，这就是定桩法。

所谓定桩法，其实就是用我们日常比较熟悉的事物，比如房间摆设、道路景点、身体部位、数字密码等，把这些我们熟悉的信息跟要记的信息进行联系。

我们先来了解一下世界脑力锦标赛的相关知识吧。

世界脑力锦标赛

世界脑力锦标赛（World Memory Championships）是由“世界记忆之父”托尼·博赞于1991年发起，由世界记忆力运动委员会（WMSC）组织的世界最高级别的记忆力赛事。

世界脑力锦标赛的历史可以追溯到1991年，第一届世界脑力锦标赛在英国大脑基金会的赞助下举行。经过近30年的发展，世界脑力锦标赛已经成为在大脑思维运动方面最具影响力的国际性赛事，每年都有来自世界各地几十个国家的成千上万名记忆选手报名参加。

随着该赛事的影响力日益扩大，越来越多的国家开始重视并参与到这项比赛中，世界强国几乎都会派选手参赛。“世界记忆大师”奖在世界脑力锦标赛上是一个举足轻重的奖项，它代表了世界脑力锦标赛组委会对获奖者记忆水平的最高评价，也代表了获奖者在记忆力技巧和应用方面的突出表现。

目前该赛事已在全球举办过27届。经过20余年的发展，一年一度的世界脑力锦标赛已成为最具权威的记忆力赛事，吸引了来自不同国度的参赛者和观众，并成为各国媒体竞相关注的焦点。

世界脑力锦标赛挑战人类记忆的极限，设有10个比赛项目，分别为：二进制数字（Binary Digits）、虚拟历史事件（Dates）、一小时扑克牌（Hour Cards）、一小时数字（Hour Digits）、抽象图形（Picture）、人名头像记忆（Faces）、随机单词（Random Words）、快速扑克牌（Speed Wards）、数字速记（Speed Numbers）、听记数字（Spoken Numbers）。

在这10项挑战人类记忆极限的比赛中，人类的记忆能力究竟能够达到什么样的程度呢？

结果一定超出许多人的想象！

下面是国际脑力锦标赛中的比赛项目和世界最高纪录（截至2017年）：

比赛项目	世界记录	保持者	大赛时间
听记数字（1 second）	456位数字	TSCHIRHART	2015年
5分钟历史事件	132题	Johannes	2011年
5分钟记忆数字	528位数字	郭子萱	2018年
5分钟扑克牌记忆	13.956秒/52张	邹璐建	2017年
15分钟抽象图形	725个	张兴荣	2018年
15分钟人名头像	187个	Yajidulam ALTANSUH	2015年
15分钟随机词语	300个	Simon REINHARD	2010年
30分钟二进制	5445位	Enkhshur NARMANDAKH	2017年
1小时扑克牌记忆	1927张	Hunkhshur NARMANDAKH	2017年
1小时数字记忆	3040位	石彬彬	2017年

亲爱的读者朋友们，如果你们看明白了这些比赛项目，并且看明白了各个项目的世界纪录，相信你一定会为人类能够表现出来的记忆水平感到难以置信的震惊，而每一年的纪录都在不断地被打破！

你一定会在心中打个大大的问号：这些都是真实的吗？是的！这些都是非常真实的记忆纪录，这就是人类记忆所能达到的惊人程度！或许大部分人会觉得上面这些人的记忆能力实在太惊人，对自己来说完全是可望而不可即。别担心，耐心地把这本书读下去，你很快就会发现，这些令人惊叹的记忆力完全可以出现在你的身上！

现在，让我们再回到这一组数据上来。上面的这些比赛项目，其规则大部分都比较容易理解，例如“一小时扑克牌”，就是在60分钟的时间内按顺序记住已经打乱的扑克牌（去掉大小王），该项目的纪录是1927张牌，也就是记住了37副打乱顺序的扑克牌。

又如“一小时数字”，列出四千多位毫无规则的阿拉伯数字（3、5、0……），每人给60分钟时间按顺序记忆，然后看你能按顺序一个不错地记住多少个数字，该项目的世界纪录是60分钟内记住了3040个数字。

有些相对难理解的比赛项目，我们在这里稍微解释一下。“虚拟历史事件”：事先列出若干个虚拟的历史事件，每个事件都由简短的几个词语组成，并且对应于从1000年至2099年中的一个年份，如“和平条约签订：2077年”。给每个参赛者5分钟时间记忆每个事件以及与之相对应的年份，事件与年份都不会重复出现。5分钟后，把每个事件的对应年份去掉，参赛者将凭记忆在15分钟内把每个事件的正确年份写出来。该项目的世界纪录是132个事件的年份全部回忆正确。

“随机单词”：随机给出400个常见的单词，按顺序标好序号，给每位参赛者15分钟进行记忆，并给30分钟进行回忆默写，每个单词都必须把其标号默写出来。该项目的世界纪录是在15分钟内记住了300个单词。

“人名头像记忆”：给参赛者看99个彩色的人头像，每个头像下都有两个字的名字，给每人15分钟的时间记住每个头像所对应的名字，名字不会重复。15分钟后，把所有的名字去掉，参赛者将凭记忆在30分钟内把每个头像所对应的名字默写出来，每写对一个名字计2分。该项目的世界纪录187分，也就是写对了93个名字。

让我们再一次认真地看看那些代表人类最高记忆水平的纪录，你会发现这些纪录是多么让人惊叹，人类的记忆力竟然会达到如此不可思议的程度！

如果你们觉得这些纪录比较抽象的话，不妨暂时把手头上正在阅读的书本放一放，选择其中几个项目亲自试一试，看看自己的水平跟世界纪录有多大的差距，以便对这些抽象的数字有一个比较具体的感受。例如“30分钟二进制数字”项目，你可以连续写下无规律的100个二进制数字（由0和1组成），然后给自己5分钟的时间记忆，看能回忆出多少个。这个项目的世界纪录是30分钟记住5445个数字，而且顺背、倒背、抽背都不会错！

又如“5分钟快速数字记忆”项目，你可以连续写下100个随机数字（十进制），然后给自己5分钟记忆，看能回忆出多少个。这个项目的世界纪录是5分钟记住528个数字，而且顺背、倒背、随便抽查都不会错。再如“记忆一副扑克牌”项目，你可以找来1副扑克，把大小王去掉，洗匀了之后，一张一张翻开来记忆，把它们的排列顺序记住，看自己需要多长时间才能把整副扑克记住。这个项目的世界纪录是13.956秒，而且顺背、倒背、随便抽查都不会错。

可能有些人不愿意费劲儿去找纸和笔，没关系，我们这里帮大家列出两组数字，有兴趣的朋友不妨尝试挑战一下：

81302188094693278542

79861954089632458966

记完后,你要盖住它们，按照记忆在表格里把这些数字写出来，看看自己能记下多少个。

准备好了吗？开始！

写对了多少个？上面是40位数字，如果你只写对了几个，不要气馁，因为你还没有学会记忆数字的方法。当你学会方法后，不但可以轻松地记下多位数字，还可以倒背如流。

那么有什么方法可以让我们迅速记下那么多数字呢？接下来我们将通过

一种新的学习方法，亲身体验一下！看看是否可以做到？这种方法叫作数字密码法！

数字密码法

数字密码法这个概念，对绝大多数人来说是非常陌生的。但我要告诉大家的是：世界上所有的记忆大师和记忆精英的大脑当中，都有自己的一套数字密码。

记忆专家和记忆大师不但可以快速记下他们想要记的信息，还可以迅速回忆或者是任意抽取出他们记下的信息。这一点上，很多人认为是不可思议的事情。事实上，这其中的一个奥秘就是数字密码。记忆专家会运用他们已经存在大脑当中的数字密码迅速记下他们所要记忆的信息。

说到数字密码，首先要提到我们既熟悉又陌生的阿拉伯数字。为什么要说数字是既熟悉又陌生的信息呢？因为几乎在每个人的知识体系当中，都有一套我们熟悉的有序的数字排列，如从0~9或者是从1~100的排列。但数字又是最难记忆的信息之一，因为数字本身是一种很抽象的符号，0~9这10个基本的符号通过不同的组合可以千变万化，几乎没有规律可循，所以记忆起来非常困难。

数字密码则是把抽象的数字转换成我们所熟悉的事物，也就是说，我们赋予数字一个很形象的定义，让数字的记忆变得更形象、更有趣、更轻松。

接下来，我们要学习的就是数字密码，这是一套很有趣又非常实用的方法。它的用途非常广，除了能用来当作记忆信息的桩子外，还可以用来记下大量毫无规律的数字。

书中数字密码至少能帮你建立110个记忆桩子。这110个桩子非常容易学会，因为它们都是你原来就非常熟悉的东西，你一定可以轻松地学会这套数字密码。

数字密码00~99

下面表格中有110个数字和110个词语，请仔细观察一下数字和词语之间有什么联系。

数字	密码	原由	数字	密码	原由
1	树	形象	11	筷子	形象
2	鸭子	形象	12	婴儿	谐音
3	耳朵	形象	13	医生	谐音
4	小旗	形象	14	钥匙	谐音
5	钩子	形象	15	圆月	八月十五日
6	勺子	形象	16	石榴	谐音
7	拐杖	形象	17	玉器	谐音
8	葫芦	形象	18	人民币	18谐音要发
9	猫	猫有九命	19	药酒	谐音
10	棒球	形象	20	二石	谐音

数字	密码	原由	数字	密码	原由
21	鳄鱼	谐音	41	司仪	谐音
22	鸳鸯	形象	42	柿儿	谐音
23	乔丹	23号球衣	43	石山	谐音
24	盒子	谐音	44	石狮	谐音
25	二胡	谐音	45	师傅	谐音
26	二流子	谐音	46	四楼	谐音
27	耳机	谐音	47	司机	谐音
28	恶霸	谐音	48	丝瓜	谐音
29	阿胶	谐音	49	毛主席	新中国成立
30	三菱汽车	谐音	50	五环形	形象
31	山芋	谐音	51	工人	五一劳动节
32	扇儿	谐音	52	斧儿	谐音
33	闪闪（钻石）	谐音	53	武僧	谐音
34	绅士	谐音	54	扑克	共54张
35	珊瑚	谐音	55	火车	谐音呜呜
36	山鹿	谐音	56	蜗牛	谐音
37	山鸡	谐音	57	武器	谐音
38	女人（口红）	三八妇女节	58	尾巴	谐音
39	999感冒灵	谐音	59	五角（星）	谐音
40	司令	谐音	60	榴梿	谐音

数字	密码	原由	数字	密码	原由
61	儿童	六一儿童节	81	白蚁	谐音
62	炉儿	谐音	82	靶儿	谐音
63	流沙河（沙僧）	谐音	83	芭蕉扇	谐音
64	柳丝	谐音	84	巴士	谐音
65	礼物	谐音	85	白虎	谐音
66	溜溜球	谐音	86	白鹭	谐音
67	油漆	谐音	87	白旗	谐音
68	喇叭	谐音	88	爸爸	谐音
69	太极	形象	89	芭蕉树	谐音
70	（冰）激淋	谐音	90	酒瓶	谐音
71	奇异（果）	谐音	91	球衣	谐音
72	企鹅	谐音	92	球儿	谐音
73	旗杆	谐音	93	救生（圈）	谐音
74	骑士	谐音	94	教师（黑板）	谐音
75	起舞（蝴蝶）	谐音	95	酒壶	谐音
76	气流	谐音	96	九牛	谐音
77	桥	卢沟桥事变	97	酒席	谐音
78	青蛙	谐音	98	酒吧	谐音
79	气球	谐音	99	舅舅	谐音
80	巴黎（铁塔）	谐音	0	鸡蛋	形象

数字	密码	原由	数字	密码	原由
01	灵药	谐音	06	领路（路标）	谐音
02	铃儿	谐音	07	令旗	谐音
03	灵山（大佛）	谐音	08	泥巴	谐音
04	零食	谐音	09	菱角	谐音
05	领舞	谐音	00	望远镜	形象

上面表格中数字与词语之间的联系，可以分形象、意义和谐音三个部分记忆，比如：2像鸭子，属于形象部分；用38妇女节联想到女人，属于意义部分；09菱角属于谐音部分。而这110个数字密码大多是用谐音来进行记忆的。所以接下来我们通过串联的方式，编成11个小故事，先把这110个数字密码给记下来。

①我拿着望远镜（00）看灵药（01），发现拿着铃儿（02）的灵山（03）大佛在吃零食（04），还一边吩咐一个领舞（05）的人领路（06）去拿令旗（07）插在泥巴（08）中间的菱角（09）上。

②鸡蛋（0）放在树（1）下被鸭子（2）藏在耳朵（3）里面后，它拿起小旗（4）和像钩子（5）的勺子（6）去找拄着拐杖（7）拿着葫芦（8）

的猫（9）。

③棒球（10）和筷子（11）在打架，婴儿（12）和医生（13）跑过来劝架，原来他们在打赌钥匙（14）能否扔到月亮（15）里的石榴（16）上，赌注是玉器（17）和人民币（18），输的一方要擦药酒（19）。

④两块石头（20）砸死鳄鱼（21）和鸳鸯（22），乔丹（23）拿来装进盒子（24）里面就拉起了二胡（25），二流子（26）连忙戴上耳机（27）认真地听起来，旁边的恶霸（28）却吃起了鹅脚（29）。

⑤三菱汽车（30）里面吃着山芋（31），扇着扇儿（32），戴着钻石（33）的绅士（34）要把珊瑚（35）雕琢的山鹿（36）和山鸡（37）送给女人（38），因为她在吃999感冒灵（39）。

⑥司令（40）和司仪（41）把柿儿（42）放在石山（43）上让石狮（44）和师傅（45）守着，没想到住在四楼（46）的司机（47）却换成丝瓜（48）送给毛泽东（49）了。

⑦五环（50）下工人（51）拿着斧儿（52），武僧（53）拿着扑克牌（54）去追赶火车（55），这时蜗牛（56）拿起武器（57）拖着尾巴（58）也赶了过来，原来他们是想拿五角星（59）。

⑧榴梿（60）被儿童（61）拿到炉儿（62）上去烤，然后送沙僧（63）一些柳丝（64）作为礼物（65），旁边一个溜溜（66）球沾满了油漆（67）跳到喇叭（68）上形成了一个太极图（69）。

⑨冰激淋（70）和奇异果（71）是企鹅（72）最爱，旗杆（73）下骑士（74）和蝴蝶（75）在有气流（76）的桥下（77）找到青蛙（78）的气球（79）。

⑩巴黎铁塔（80）里面白蚁（81）爬在靶儿（82）上，用芭蕉扇（83）也扇不下来。巴士（84）里面的白虎（85）和白鹭（86）举起白旗（87），跟着爸爸（88）一起爬到芭蕉树（89）上去。

⑪酒瓶（90）里塞满了球衣（91）和球儿（92），旁边套着救生圈（93）的教师（94）拿着酒壶（95）牵着九头牛（96）去吃酒席（97），跑去酒吧（98）找舅舅（99）。

上面这11个小故事，你是否已经记下来了呢？让我们来回想一下：

首先我们来想第一个小故事，开头是我拿着什么去看灵药？发现了谁？在吃什么？然后吩咐谁领路去干什么？

这是不是一个非常有趣的小故事？现在我们对这个小故事的印象是不是更加深刻了？接下来再回忆下面的小故事，为了方便我们记忆，我们把这些小故事定为：鸡蛋的故事，棒球和筷子的故事，两块石头的故事，三菱汽车的故事，司令和司仪的故事，五环下的故事，榴梿的故事，冰激淋的故事，巴黎铁塔的故事，酒瓶的故事。

通过上面11个有趣的小故事，让我们轻松地把110个数字密码记下来了。现在我们已经具备了记忆大量无规律数字的条件了，只是你还不知道如何把那些方法组合起来运用而已。

《学习的革命》这本书里面提到一句话："一个新想法是旧成分的新组合，没有新的成分，只有新的组合。最杰出的创意者总是专心于新的组合。"

记忆精英不仅要拥有出色的记忆能力，同时也一定是个杰出的创意者，记忆精英要能发现别人觉察不到的新组合。接下来，你需要做的就是学会如何组合。

联想法+数字密码

组合也叫联结，可以让任何一种创意千变万化，在我们记忆数字的过程中，要根据数量的多与少来决定记忆方法的组合。在数量相对来说比较少的情况下，比较适合组合的是联想法加数字密码。

例如：8214808651328230

面对这样一组数字，如果只是把它们当作一串抽象的符号来进行记忆的话，记起来是相当困难的。但如果通过数字密码的转换，再结合联想法来记忆，你就会发现记忆起来非常轻松。让我们试试看。

step1 首先把数字转换成我们已经熟悉的数字密码。

82代表靶儿，14代表钥匙，80代表巴黎铁塔，86代表白鹭，51代表工人，32代表扇儿，82代表靶儿，30代表三菱汽车。

step2 用联想法把它们串起来。

我们可以这么想象：我拿起靶儿，取下那把挂在上面金光闪闪的钥匙，准备去把巴黎铁塔的大门打开，因为那里面养了许多白鹭，正在这个时候，一个工人手摇着扇儿阻止了我，因为他看见靶儿已经被三菱汽车压碎了。

好了，故事说完了，现在来回想一下故事的情节。

我拿着什么？对了，是靶儿。

靶儿上挂着什么？没错，是金光闪闪的钥匙。

拿着钥匙准备去哪里？对，去打开巴黎铁塔的大门。

巴黎铁塔里面有什么？很好，就是白鹭。

8214808651328230
怎么记不住
8214808651328230

这时候，出现了谁？对，是工人。

他手中拿着什么在摇？没错，是扇儿。

他看见什么？没错，靶儿被三菱汽车压碎了。

非常好，现在，请你闭上你的眼睛，在大脑当中把这个故事情节回想一遍。然后再把它们转换成数字写出来。

全部写出来了吗？如果你还有一些数字回忆不起来的话，请你再多做几次练习，直到能够把这些数字全都记下来为止。如果你已经全写出来了，那么恭喜你，请你面对下一个新的挑战吧。现在，把这个联想过程快速回想一遍，并试试看把它们从最后一个回想到第一个。

靶儿被三菱汽车压碎了，这两个数字密码是什么？对，就是82和30，如果是倒着把这些数字读出来就是0328。

好，靶儿被汽车压碎的前面是什么？是工人摇着扇儿。工人是什么？没错，是51，扇儿是什么？没错，是32，合在一起就是5132，倒过来呢？就是2315。

我们接着往上想，巴黎铁塔里面有白鹭，巴黎铁塔是什么？对，是80，白鹭呢？没错，是86，8086反过来读就是6808。

最上面是什么？没错，是靶儿上挂着把金光闪闪的钥匙。靶儿是什么？对，是82，钥匙呢？没错，是14。合起来就是8214。再倒过来就是4128。

现在，请你把眼睛闭起来，把这些联想过程从头到尾回想一遍，再从尾到头回想一遍，然后把它们转换成数字，并把它们从最后一个写到第一个，看看你能不能做到把这些数字倒背如流！

联想法加数字密码的组合适合记忆一些数量比较少的数字组，我们可以用它来记忆历史年代、朋友的电话号码、银行密码等。一旦数量大的时候，单用联想法加数字密码的组合是不够的，因为联想的故事编得太长的话，不但会比较花费时间，还容易在中间中断你的回忆。

上面我们列举了世界记忆锦标赛的一些成绩，他们可以做到在很短的时间内记住那么多数字。如果单靠我们这种联想加密码的话，是不可能办到的。那么有什么方法可以让我们记忆大量的数字信息呢？最好的记忆组合就是：地点法加数字密码。

地点法+数字密码

数字的数量比较少的时候，使用联想法会比较适用，但数量过多的时候，单用联想法就会非常吃力。所以当我们面对大量数字需要记忆时，地点法加数字密码的组合，会比联想法加数字密码的组合更灵活快捷，因为地点桩可以让我们快速找到每个数字的位置。

世界上所有的记忆精英无一例外都在使用地点法。世界记忆大师叶瑞财博士能把1774页的牛津高阶词典倒背如流，一般学过记忆法的学生都可以做到5分钟内记忆100个毫无规律的阿拉伯数字，并且很多学生都可以把一整本《道德经》《大学》倒背如流，用的都是这种方法——地点法。

什么叫地点法呢？地点法又称位置法，是一种传统的记忆术。地点法的原理是将一组熟悉的地点与要记的东西之间建立起联系，主要利用视觉表象，以地点位置作为以后的提取线索。采用什么地点是任意确定的，因人而异，但所选定的位置必须是个人熟悉的。

每个人都会有很多熟悉的地点场所，也去过很多不同的地方，这些地方都可以成为我们的记忆载体。我们可以随时拥有，很容易把它们记忆下来。

我们熟悉的地方有很多很多，例如我们的家、邻居的家、同学的家、我们上班的办公室、上课的教室、家附近的街道、常常逛的商场、菜市场，还有我们的学校、运动场，包括我们旅游过的城市等，这些地方都可以成为我们记忆的资源。接下来，我们将进行实践性地找地点（看下图）。

上图是一个客厅，我们按照从左到右的顺序找了10个地点。接下来我们将熟悉这10个地点。在回想的过程中，我们必须把那些地点清晰地回想出来，是什么模样的？什么颜色的？它有多大？它有什么特征？如果我们有些地点回想不起来也不要紧，那就再看一遍，直至可以全部回想完毕为止。我们先按照顺序从第1个地点看至第10个地点，然后闭上眼睛，把这10个地点默想一遍。现在开始！

好，现在如果你已经确认把这10个地点都已经记下来了，那么请你再将这10个地点从最后一个回想到第一个。请开始！

在确认已经把这10个地点能够快速顺背倒背之后，接下来我们将面临更大的挑战，就是让我们记下40位毫无规律的数字。用下面40个数字做例子，我们一起来学习如何运用地点法把它们记下来。

14159265358979323846

26433832795028841971

在学习如何运用这套方法之前，我们必须先做两件事情。

第一件事，快速地把所有的数字密码复习一遍。

第二件事，把上面我们记的地点顺背倒背复习一遍。

现在我们要开始学习如何用这10个地点桩子来记忆上面的这些数字了。

用地点法来记忆数字共分为以下4个步骤：

第一步：你要先回想地点表中第一个地点桩子是什么？在大脑中回想这个桩子的图像，越清晰越好。

第二步：把数字转换成数字密码。例如上面40个数字开头的4个数字是14和15，你要快速想到它们的密码分别是：“钥匙” 和“圆月”。

第三步：把这两个密码加上地点联系在一起，把它们记下来。

第四步：回想第二个地点桩子，并重复上面的步骤。以此类推。

数字转换时是按2个数字进行转换的，所以每个地点可以放2个数字密码，也就是4个数字，而40个数字我们只需要10个地点就可以记完了。

如果你现在有100个地点，那至少可以让你记下400个数字，以此类推，只要我们有足够多的地点的话，就可以记忆更多的数字。也就是说，地点法可以帮助我们记忆大量的数字及信息。

参加世界脑力锦标赛的那些记忆精英在记忆数字时，用到成千上万个地点桩是很平常的事。这些记忆精英不但在日常生活中和学习中会运用大量的地点桩，在比赛中也要用到很多的地点桩。

我们已经在上面看到了，世界脑力锦标赛中记忆数字的世界纪录，有一项是用1小时记忆无规律的数字，这个项目要用不少的地点桩，我们称之为“马拉松记忆数字”。目前的世界纪录是1个小时内记住了3040个毫无规律的数字。这个项目不但考核选手的记忆能力，同时对选手的专注力和耐力也是很大的挑战，所以受过训练的人的注意力，会比普通人更容易集中。

前面我们已经知道了地点法记忆数字的4个步骤了，现在，我们进入实战练习。我们先记40个数字中的前20位：

14159265358979323846

我们上面第一个地点什么？没错，是茶几。上面20个数字中的第一组数字和第二组数字分别14和15，数字14的密码是钥匙，15的密码是圆月。

请想象有一把金光闪闪的钥匙插在茶几的图案上，这个图案是一个圆圆的月亮。当我们想到第一个地点桩子是茶几时，就会想到钥匙插在圆月上。钥匙代表14，圆月代表15，这样我们便可以想到最前面的4个数字是1415了。

这里需要大家注意的是：因为现在是每个地点记2个数字密码，为了防止在回忆的时候出现顺序颠倒的情况，我们将数字密码放置在地点上时，要提前设定一个摆放的顺序。

像上面的例子中，14在15的前面，所以在用第一个地点桩茶几来记忆它们的时候，我们要按从上到下的顺序，可以想象钥匙从上面往下插圆月，因为有了先上后下的摆放顺序，我们就可以知道14是排在前面的，它的后面自然就是15了，这样就不会把1415记成1514了。当然，这个是根据个人的习惯来设定自己的摆放顺序的，如前后、左右、上下、里外等。

我们接下来记忆下面的数字，第二个地点是左沙发，第三、四组数字分别是92和65，数字92的密码是球儿，65的密码是锣鼓。想象在左沙发上有一个球儿滚来滚去，突然往下掉，掉到放在地上的一个锣鼓上，发出咚的一声响。当想到左沙发上的球儿时，我们就想到它掉到地上的锣鼓上。球儿代表92，锣鼓代表65，这样我们就可以想到1415后面的9265。

第三个地点是树，第五、六组数字分别是35和89，数字35的密码是珊瑚，89的密码是芭蕉树。我们可以这样想象，那棵树上长满了漂亮的珊瑚，而那棵树正是芭蕉树。当想到树的时候，我们就想到了珊瑚长在芭蕉树上。珊瑚代表35，芭蕉树代表89，合在一起就是3589这4个数字。

我们再来看第四个地点，是门。第七、八组数字是79和32，数字79代表气球，数字32是扇儿。我们可以这样想象，门的上面有很多气球在飘，原来下面有人在扇扇儿。所以，当我们想到门的时候，就自然而然地想到了气球下面有人在扇扇儿，合在一起就是7932这4个数字。

第五个地点是玻璃。第九、第十组数字是38和46，38的密码是妇女，46的密码是四楼。我们可以这么联想，在玻璃底下，有个妇女手里托着一个四层楼的房子模具。所以，当我们想到第五个地点玻璃的时候，我们就想到妇女拿着四层楼模具，合在一起就是3846。

好了，我们现在来回忆一下刚才的五个地点。

第一个地点是茶几，出现了什么图像？没错，是钥匙插在圆月上，是1415。第二个是什么呢？是的，是左沙发，左沙发上有个球儿滚落在地上的锣鼓上，是9265。第三个地点是树，树上长的是什么？是的，就是珊瑚，这棵树是什么树呢？没错，是芭蕉树，数字就是3589。第四个地点是门，门的上方有许多什么在飘？没错，是气球，为什么会飘呢？是的，因为下面有人在扇扇子，所以数字是7932。第五个地点玻璃呢？没错，玻璃下面有个妇女在拿着四层楼的模具，所以数字是3846。

现在，你是不是觉得记忆数字是一件非常有趣的事呢？我们可以轻松地记住五个地点的图像，就可以轻而易举地把20个数字记忆下来。当然，我们也可以从第五个地点往回想，做到倒背如流，甚至可以做到抽背。

接下来我们继续记40位数字的后20位数字：

26433832795028841971

我们的第六个地点是什么？没错，是饭桌。上面20位数字的第一组数字和第二组数字分别是26和43，数字26的密码是二流子，数字43的密码是石山。

请想象，在饭桌的桌面上有一幅画，画上是一个吊儿郎当的二流子正在爬石山。所以，当我们想到饭桌的时候，就会想到二流子在爬石山。二流子代表数字26，石山代表数字43，合在一起就是2643。

第七个地点是吊灯，第三组数字和第四组数字分别是38和 32，数字38的密码是女人，32的密码是扇儿。我们可以这么想象，吊灯发出的光太热，所以吊灯下面有个女人正在用扇儿扇凉。所以，我们一想到吊灯，就想到吊灯下有个妇女在扇扇儿。妇女的数字密码是38，扇儿的数字密码是32，合在一起就是3832。

我们接下来看第八个地点，是电视。第五组数字和第六组数字分别是79和50，79的数字密码是气球，50的数字密码是五环。请想象电视上出现了一个画面，很多五颜六色的气球在五环上空飘，原来是奥运会的开幕式。所以，我们一想到电视，就想到气球在五环的上空飘，气球代表79，五环代表50，合在一起7950。

第九个地点是什么？没错，是地板。第七组数字和第八组数字分别是28和84，数字28的密码是恶霸，84的密码是巴士。我们可以这么想象，一个恶霸开着一辆巴士在地板上飞驰。当我们想到地板的时候，就想到恶霸开着巴士在飞驰，恶霸代表28，巴士代表84，合在一起是2884。

最后一个地点是什么？没错，是沙发。最后两组数字分别是19和71。19的数字密码是药酒，71的数字密码是奇异果。请想象在沙发上放一瓶药酒，里面泡着很多奇异果。所以，当我们想到沙发的时候，就想到药酒里面泡着奇异果。药酒代表19，奇异果代表71，合在一起就是1971。

在这里我们要注意的是，第二个地点和最后一个地点，它们都是沙发，一个是左沙发，另一个是沙发。所以很多初学者会把这两个地点的图像弄混淆。其实我们在记忆图像的时候，先记住它的方位，再跟图像结合就不会混淆了。

好了，我们现在把十个地点的图像都记忆完毕了。我们是否可以把这十个图像一一回忆出来呢？我们来试一下：

第一个地点是茶几，茶几上出现了什么？对，就是钥匙插在圆月上。

第二个地点是左沙发，有个球儿掉在地上的锣鼓上，并且发出咚咚的声音。

第三个地点？

第四个地点？

第五个地点？

第六个地点？

第七个地点？

第八个地点？

第九个地点？

第十个地点？

好啦，非常棒！是不是现在十个地点的图像都可以回忆出来？只要我们对数字密码很熟悉，那么这些图像我们是不是可以很快地把它们翻译成数字？那么，这40位数字我们也一样可以轻松地回忆出来了。而这40位数字就是圆周率小数点后面的40位数字。

接下来让我们闭上眼睛，迅速地回忆一遍十个地点的图像，然后把回忆出来的图像转换成数字在下面的表格中填写出来。

相信大部分人都可以把这40个数字默写出来了，现在大家正慢慢步入记忆高手之列了。

有一个谜语问，一只非常爱叫的小狗，但有一天过一独木桥时为什么突然就不叫了。（猜一成语）答案是：过目（木）不忘（汪）。虽然现在我们还不能拥有过目不忘的记忆力，但只要我们多加练习，就可以做到。

很多人都可以在两分钟之内把60个数字轻松地记下来，并且做到倒背如流。我本人最快的时候是在18秒记下了60个数字。

在这里我们要明白的一个道理是：我们不是为记数字而记数字，而是通过记忆数字，会让我们对于图像的呈现以及联想能力产生极大的帮助。当记忆图像的速度越来越快，我们就会发现，不仅仅注意力提高了，我们记忆其他信息的速度也会越来越快。

很多发达国家把记忆数字称为脑保健操，很多老年人也把记忆数字当作每天必修的课程，因为这样可以预防老年痴呆症。

现在，请再次闭上眼睛，把上面十个地点的图像从最后一个回想到第一个，然后再把最后一个数字到第一个数字默写在下面的表格当中。

过目不忘，倒背如流！以前只能在电视上或者小说上看到过，根本不相信自己可以做到。在小说《射雕英雄传》里面，黄蓉的母亲把《九阴真经》看了一遍，就可以把它默写出来。很多人认为那是作者根据小说的故事情节编写的，根本不相信现实生活中有这样的人。现在自己也做到了，是不是很兴奋？但我们现在真正要做到过目不忘，倒背如流还是远远不够。下面给大家一些练习的标准。

读数字的标准。

业余级别：

入门：41～60秒/60数字

中段：30～40秒/60数字

高段：25～29秒/60数字

25秒之内进入专业级别

专业级别：

入门：20～25秒/60数字

中段：14～19秒/60数字

高段：8～13秒/60数字

大师级：8秒之内/60数字

记忆数字的标准

业余级别：

入门：8分钟/100数字

中段：5～8分钟/100数字

高段：3～5分钟/100数字

3分钟之内进入专业级别

专业级别：

入门：2～3分钟/100数字

中段：1分20秒～2分钟/100数字

高段：1分钟～1分20秒/100数字

大师级：60秒之内/100数字

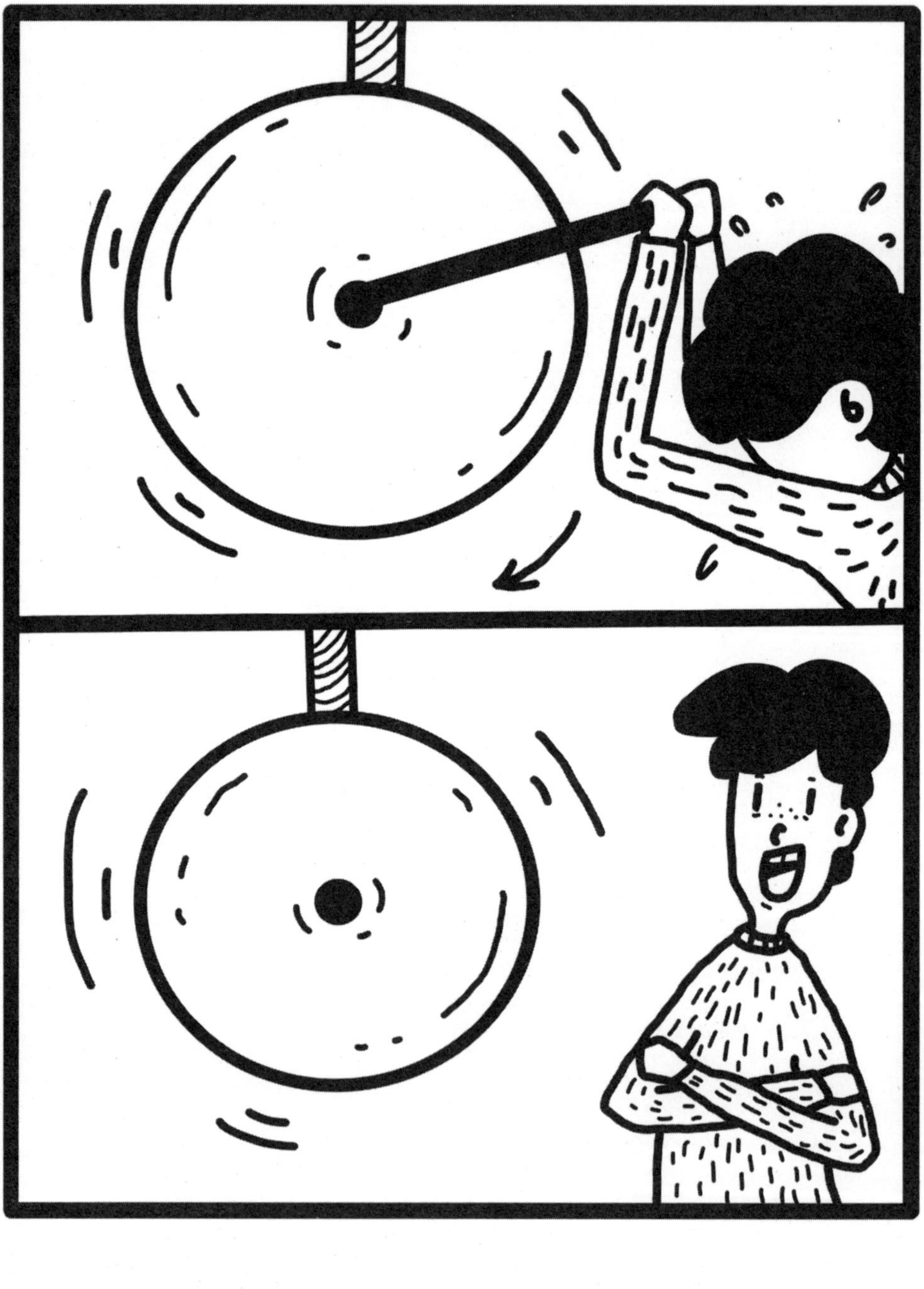

你对记忆力提升的需求本身已经让你与众不同！大量地读数字与大量地记忆数字是记忆潜能爆发的导火索，它会让你彻底改变对自己记忆能力的认识。你有权利改变你的记忆能力，你有权利充满激情与喜悦地度过一生！请相信：读数字会彻底改变你的生活！

在这里跟大家讲一下飞轮效应，飞轮效应指的是为了使静止的飞轮转动起来，一开始你必须使很大的力气，一圈一圈反复地推，每转一圈都很费力，但是每一圈的努力都不会白费，飞轮会转动得越来越快。达到某一临界点后，飞轮的重力和冲力会成为推动力的一部分。这时，你无须再费更大的力气，飞轮依旧会快速转动，而且不停地转动。

这一原理告诉我们在每件事情的开头都必须付出艰巨的努力才能使你的学习之轮转动起来，而一旦你的学习走上平稳发展的快车道之后，一切都会好起来。万事开头难，努力再努力，光明就在前头。

设定目标，持续练习！

设定目标：__________ 建议：设定读数字与记数字两个项目；

开始时间：__________ 建议：一旦决定，决不放弃！

截止时间：__________ 建议：把总时间分几段，这样会更容易达成。

练习时间：__________ 建议：每天都有较固定的练习时间，就像吃饭一样！

练习地点：__________ 建议：练习地点要安静，没有人打扰，关掉手机，专注如一。

监督人：__________ 建议：找一个监督人，给自己一些压力。

环境的设定：__________ 建议：找一些志同道合的人多交流。

记忆二进制数字

记忆二进制数字是世界脑力锦标赛的记忆竞技项目。二进制数字由1和0两种数字反复排列组合而成，如1010001011101010011111010010。

对二进制数字进行记忆，记忆原理与记忆阿拉伯数字的原理几乎一样，请参考我们上面刚刚学过的用地点法记忆阿拉伯数字。我们可以发现，记忆二进制数字多了一个步骤，就是把二进制数字转换为阿拉伯数字之后再进行记忆。

★转换方法之一

因为二进制数字只有1和0两种数字，而我们在记忆阿拉伯数字的时候都是以两个数字作为一个编码，所以，我们可以这样来转化：把连续的数字1的个数作为十位数，而把连续的数字0的个数作为个位数，这样就能够立即把一连串的二进制数字非常快地转换为两位两位的阿拉伯数字。

转换举例：

10——11；

100——12；

11000——23；

1110000——34；

1111110——61；

11000000——26；

通过上面的举例，我们反过来练习一下，同样把连续的1的个数作为十位数，把连续的0的个数作为个位数，请把答案写出来：

练习：

43

28

65

17

51

31

连续转换举例：

100001110010011001110000——14 32 12 22 34 ；

1100000110111010001111101001000——25 21 31 13 51 12 13；

通过连续转换举例，现在我们来练习一下，下面是一连串的二进制数字，请你把转换来的十进制数字写出来。

练习：11101001000011110100000111010111100100001111110000

注一：如果数字串是以0开头的，则把开头的那一串连续的0转换为单个数字：00111010011000——2 31 12 23；0000011010——5 21 11；

练习：000111111101100011110001111101000001111110000000100

注二：万一连续的0超过十个，则以9个为界线分割，如：1101001110000000000000——21 12 39 4；0000000000001011000——9 3 11 23；

练习：10110011000000000000111011000011010000000000000000

注三：如果最后的数字为1，则把最后连续1的个数作为十位，后面加0，如：11100110111——32 21 30；10110100011111——11 21 13 50；

练习：111111100110001111010010000111000000111000111110111

注四：如果连续的1超过十个，则以9个为界线分割，如：1111111111100110000——90 22 24；1011000111111111111——11 23 90 30；

练习：111111111111010000001010110000111011110011111111111 1

★转换方法之二

按照二进制数字转换成十进制数字的原来规律，每3个二进制数字转化为1个十进制数字，共有这样8种转换结果：

000——0；

001——1；

010——2；

011——3；

100——4；

101——5；

110——6；

111——7；

记忆比赛的二进制项目中，每行都是30个二进制数字，刚好可以转换为10个十进制数字，如：010001100000111101010011111100——21 40 75 23 74

接下来，通过上面的举例，我们来练习一下：

练习：001001110101011110011101111111010000010110100

这个转换方法相比第一个方法而言，其优点是可以避免出现累积性的错误（即前面出现一个错误，后面就会跟着错下去）；

其缺点则是首先要对转换规律很熟悉（这一点经过练习之后应该不成问题）；其次是在每三个三个地数数字的时候，要特别认真，需要反复核对，以免数错（如 111111111100，前面有10个1，要当你把前面6个1转化成77之后，还得再数一遍看接下来到底应该从哪里开始转换。如果用笔每三个三个地作分段记号的话，似乎也不是记忆大师的风格）；还有就是在平时一些记忆情况而不是比赛的时候，可未必刚好是30个一行，那记忆起来就比较麻烦了。

所以，以上这两种方法都是很好的方法，各人可根据自己的情况选择适合自己的一种。

下面有120个二进制数字，请你在最短的时间内，用转换法及地点法把它们记下来，然后填写在横线上。

000100110100011111100101100000

100101111000100011001110100111

001111010111001010001110010100

1110101111100001011010110111 00

记忆完后请遮住上面的数字，然后默写在下面的横线上：

____

____

____

____

在多媒体时代，需要装进脑子里的信息量剧增，再加上对各种数码设备的依赖度增强，导致大脑的记忆力下降，经常忘东忘西的20～30岁的上班族正在增多。这些人中，由于情况严重而前往医院的人有所增长，医学界甚至出现了"数码痴呆症"的新用语。专家表示，"数码痴呆症"是指，经常使用数码设备的城市上班族或是专门职业从事者容易出现的一种健忘症，这已经成为像失眠症、头痛一样在现代人身上常见的症状。超过六成的上班族患健忘症。一些大型综合医院有关负责人表示："虽然没有准确统计，但是因'数码痴呆症'问题到医院进行咨询的年轻人数显著增加。这些人的症状并非是由于脑部组织出现异常引起的，而主要是由于大量使用数码设备等环境方面的因素造成的。"最近，有些专家以20～30名上班族为对象实施的调查中，有63%回答自己患有健忘症。尤其是在20～30岁上班族中，有60%以上表示深受健忘症之苦。

对于患有健忘症的原因，有20.4%的人回答说："是手机、个人电脑等无须直接用大脑去记忆的因素所致。"过于依赖数码设备导致大脑记忆力退化，只需一个按钮就可以代替记忆力和思考能力的数码设备取代了大脑要记忆的想法和习惯。

有专家指出：“随着信息搜索比记忆占据更重要的位置，搜索所需的脑机能会变得发达，但头脑的记忆容量却逐渐减少。如果过于依赖数码设备，会导致记忆力退化。”人的记忆主要由大脑的海马体部分负责，但如果不使用记忆力，会引起海马体萎缩，最终导致记忆容量减少。再加上喝酒和抽烟，数码痴呆症症状会进一步严重。

该怎么改变这种现象呢？要常记数字或者电话号码！专家忠告说，如果想摆脱“数码痴呆症”，最重要的是适当的休息和养成练习记忆力的习惯。

数字在我们的学习、工作和生活当中无处不在，如身份证号码、银行账号、朋友及家人的生日，还有朋友和客户的电话号码等，我们在上面已经学会了怎样记忆数字的方法，现在我们一起来学习如何把它们运用到现实生活当中去。

拥有超级记忆法的一些人，可以在几十分钟内把上百人的姓名以及电话号码全部记忆下来。在给学员辅导记忆方法的过程当中，发现在记忆数字方面，绝大多数学员都希望能学到快速记忆电话号码。

有一个星期天，小明到阿姨家去。听说阿姨家安装了电话，小明便问电话号码是多少。阿姨说：“3366969。”“这个号码挺好记的，3366969，末尾的四个数是重复出现的。”阿姨补充道。这时，小明心里突然冒出这样一个想法：如果用汉语来记，把号码编成一句话，不是记得更快吗？

回到家里，小明绞尽脑汁地想，这“3366969”里有什么秘密呢？他问妈妈：“妈妈，6969变成汉语是什么呀？”“问这干什么，我正忙着呢，没空理你。”虽然从没有妈妈那里找到答案，可他并不灰心。

一天，小明在家门口玩儿，看见有一个人牵着一只小狗来回溜达，“遛

我家新号码是
3366969
末尾是重复的
很好记！
如果用汉语呢……
妈妈，6969变成
汉语是什么呀？
我现在正忙着呢，没时间
遛狗？这不就是69吗！
336……336……
天天遛！
3366969
天天遛！遛狗遛狗！
阿姨！我发现您家号码用
汉语来记就是
“天天遛，遛狗遛狗！”

狗，遛狗……”他笑了，这不就是“6969”吗？“6969，遛狗，遛狗！”小明恍然大悟，兴奋极了，原来“6969”在这里呀。立刻跑回房间，把这个发现记录了下来。那么，“336”又是什么呢？小明又不禁冥思苦想起来。“336，336……”噢，不就是天天遛吗？小明几乎一蹦三尺高，号码“3366969”就是“天天遛，遛狗，遛狗！”

小明迫不及待地打通了阿姨家的电话，把这个发现告诉了阿姨。“呀，太妙了！这样记就容易多了！”阿姨在电话的那头直夸他是个聪明的孩子。

只要留心观察，肯于动脑，就能解决我们生活中的问题，让我们做生活中的有心人！

电话号码按类型和数字规律大致可以分为两大类，一类是固定电话的号码，另一类是手机号码。国内固定电话一般都是7位和8位数，而手机号码无一例外全部是11位数，而且前面都是以1开头，所以我们只需记后面10位就可以了。

在记忆人名和电话号码时，我们把要记的人名跟电话号码联系在一起编成一个有趣的小故事，而电话号码我们可以用谐音进行记忆，也可以用数字密码进行记忆。接下来，我们就应用例子来进行人名和电话号码的记忆。

肖泳慈 13711056763

易铸仁 3986083

首先我们来记忆第一个人名和电话号码，肖泳慈我们可以谐音成为“小泳池”，137则可想象数字密码37（山鸡），110（报警电话），56（蜗牛），763（去庐山）。有了这些拆分开来的数字密码和谐音词语以后，我们就可以把它们串联在一起编成一个有趣的小故事了。我们可以想象：在小泳池里面的山鸡打了一个报警电话后，用蜗牛的速度去庐山了。只要能够想象出这样一个有趣的图像，人名和电话就记下来了。

我们接着记第二个人名电话，易铸仁我们可以谐音成为“易主任”。39的数字密码是999感冒灵，86是八路军，083是拎把伞，再把它们进行联结。我们可以这么想象：易主任把感冒灵送到八路军那里后，拎着把伞就走了。

在记忆电话号码时，要注意一个重要的核心就是要灵活，要根据自己的观察，把数字转换成更适合自己记忆的信息。

经常拿些人名和电话号码来这样训练，你会发现，很快你就会认为记忆人名电话号码会是如此快捷，如此充满乐趣。

接下来我们用前面所教的10个地点记下面10个人名和电话号码：

①王海楠 13036984792

②朱良鼎 13710490782

③秦良兴 13229418468

④吴仁耀 13580372751

⑤刘良迎 13426646071

⑥刘义守 13010285757

⑦吴艳梅 13870309883

⑧徐婉君 13827983093

⑨于 刚 13409354439

⑩黄志佳 5135036

在我们记忆信息之前，很有必要做一下记忆前的准备。请你闭上眼睛，先默想一下我们学过的那10个地点。然后深呼吸，开始记忆。

第一个地点是茶几，要记的人名是“王海楠”，所以我们可以想象为有人要“往海南”方向走。电话号码是13036984792，所有手机号码前面都是1，所以我们可以把这个电话号码用数字密码拆分开来分别是：30、36、98、47、92。数字密码分别是三菱车、山鹿、酒吧、司机和球儿。

接下来我们要做的就是把茶几、往海南、三菱车、山鹿（山路）、酒吧、司机和球儿这些词语联系在一起编成一个小故事。可以这么想象：在茶几上有一幅画，一个人要往海南旅游，就开着三菱车在山路上奔跑，到了一家酒吧门前，车上走下一个司机突然踢起了球儿来。

记住，我们的脑海当中一定要有清晰的图像出现，虽然是一个小小的故事，但我们在联想的时候，也要有它的顺序。我们来回忆一下：

茶几上有什么？没错，有一幅画。

画上画的是什么？对，是一个人要往海南去旅游。

走路去还是开车去？是的，开着三菱车去。

在哪里奔跑？在山路上奔跑。

到什么地方停了下来？没错，一家酒吧门前。

车上走下一个什么人来？是的，是司机。

他在干什么？在踢球儿。

这样复习了一遍，我们的脑海中对于这个小故事的图像是不是更加清晰了？接下来我们要做的就是把这些图像再转换成地点、人名和电话号码。

第二个地点是左沙发，我们要记的人名是朱良鼎，可以把这个姓名反过来谐音，就是“顶梁柱”（鼎良朱）。我们要记的电话号码是13710490782，拆分开来分别是：37（山鸡）、10（棒球）、49（毛泽东）、07（令旗）、82（靶儿）。

请想象：一只山鸡拿着一根棒球棒，用力地向走在左沙发上的毛泽东打去，却被他令旗一挥，很多靶儿马上就帮他挡住。

第三个地点是树，我们要记的姓名是秦良兴，谐音（请良心）。电话号码是13229418468。拆分开来分别是：32（扇儿）、29（鹅脚）、41（司仪）、84（巴士）、68（喇叭）。

请想象：那棵树下，你用扇儿托着鹅脚拿给司仪吃，还按住巴士的喇叭去大声吓他，请问良心何在？

第四个地点是门，我们要记的姓名是吴仁耀，谐音（无人要）。电话号码是13580372751。拆分开来分别是：35（珊瑚）、80（巴黎铁塔）、37（山鸡）、27（耳机）、51（工人）。

请想象：门上挂着的珊瑚是从巴黎铁塔带回给山鸡的，但旁边戴耳机的工人却说这种东西无人要的才送给它。

第五个地点是玻璃，我们要记的姓名是刘良迎，谐音（六两银）。电话是13426646071。拆分开来分别是：34（绅士）、26（二流子）、64（柳丝）、60（榴梿）、71（奇异果）。

请想象：拿玻璃去换了六两银子，然后把绅士和二流子请到柳树（柳丝）下，请他们吃榴梿和奇异果。

第六个地点是饭桌，我们要记的姓名是刘义守，谐音（留一手）。电话是13010285757。拆分开分别是：30（三菱车）、10（棒球）、28（恶霸）、5757（两把武器）。

请想象：一群人在饭桌上吃完饭后就开着三菱车拿着棒球棒去打恶霸，

幸好他们留了一手，没掏出藏着的两把武器来，不然就惨了。

第七个地点是吊灯，我们要记的姓名是吴艳梅，谐音（无烟煤）。电话是13870309883。拆分开来分别是：38（妇女）、70（冰激淋）、30（三菱车）、98（酒吧）、83（一把伞）。

请想象：在吊灯下面，一个妇女吃着冰激淋，对着一群人吩咐“请把那些无烟煤用三菱车拉到酒吧里，再用一把伞遮住，不然会被雨淋”。

第八个地点是电视，我们要记的姓名是徐婉君，谐音（洗碗巾）。电话是13827983093。拆分开来分别是：38（妇女）、27（耳机）、98（酒吧）、30（三菱车）、93（救生圈）。

请想象：电视屏幕上一个妇女正戴着耳机，到酒吧门前拿着洗碗巾去擦三菱车上的救生圈。

第九个地点是地板，我们要记的姓名是于刚，谐音（鱼缸）。电话是13409354439，拆分开来分别是：34（绅士）、09（菱角）、35（珊瑚）、44（石狮）、39（999感冒灵）。

请想象：一个绅士把菱角和珊瑚放在地板上的鱼缸里面，然后坐在旁边的石狮子上，吃起了999感冒灵。

第十个地点是沙发，我们要记的姓名是黄志佳，谐音（黄指甲）。电话是5135036，可以这么拆分：513（武夷山）、50（武林盟主）、36（山鹿）。

请想象：武夷山上，一个黄指甲的武林盟主正骑着山鹿去买沙发。

好啦，现在我们已经把10个人名和电话记了一遍。接下来，请大家闭上眼睛，把这10个人名和电话全部默想一遍。如果有的地方突然想不起图像来，不要紧，先跳过去想下一个人名和电话。经常这样训练，可以很快速地提高我们的呈像能力以及转换能力。下面的这些人名电话，请大家再去练习一下：

陈　红 13901045371 歌手

陈建功 66038180 作家

晨文 13701082055 北京电视台主持人

单博 13803382657 0335-8819633 模特

董炯 13701000570 羽毛球冠军

高艳津子 13910898198 舞蹈演员

蓝天野 65247095 表演艺术家

李翰均 13911368844 演员

刘宝军 13801241425《东方时空》记者

许文广 13901138197 中央台经济节目制片人

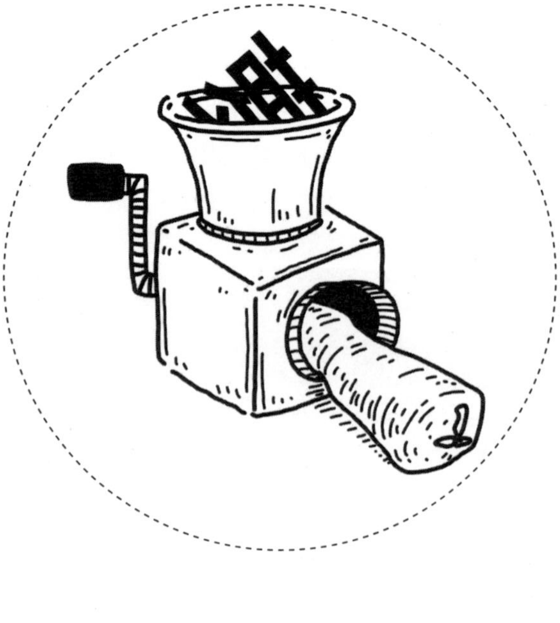

学习超级记忆法的很多学员都曾有过这么一个问题：如何才能把自己训练成一个专业的记忆高手？我想，这个问题不仅仅是学习超级记忆法学生的问题，也是大部分热爱学习的人共同面临的一个问题。

如果你除了希望自己把这些记忆方法应用到生活、工作和学习当中之外，还希望有更高层次的提升，接下来我将告诉你记忆专家的专业训练步骤，一定能满足你这个愿望。

如果你下定决心要将自己训练成一个专业的记忆力高手，上面介绍的几种方法，就是你很好的训练方式，记忆千变万化的抽象数字、二进制数字、扑克牌和人名电话号码，可以不断地提升你把抽象信息转换成图像的能力。

那些记忆精英可以在任何地点快速记忆任何信息，其中一个很重要的原因就是：他们无一例外地很擅长将信息快速转换成图像的形式，哪怕是抽象的信息也不例外。将抽象信息转换成图像的能力越强，记忆力也就越强，记忆信息的速度也就会越快。

世界各地的记忆精英们可以快速记下任何信息，达到几近过目不忘的水平，他们所体现出的这种能力，当然跟他们自身独特的训练方式有密不可分的关系。但在这里要告诉大家的是，他们的基本训练方式几乎是一样的，那就是数字记忆训练。他们都把记忆数字作为记忆训练的基本功来强化训练自己。

专业记忆训练四步走：

第一步：每天准备100个毫无规律的阿拉伯数字、一副扑克牌、200个二进制数字和一个电子秒表（记住，每天都要准备不一样的数字，建议可以下载一些圆周率的数字，然后打印出来，最好是一行40个数字，二进制一行30个数字）；

第二步：至少准备三组以上地点，每组地点要达到25个（因为25个地点刚好记100个数字，但记一副扑克牌要用26个地点，最好也有几套26个地点的）。这些地点就是专门用来做数字记忆和扑克牌记忆的；

第三步：把每天记忆的这些数字、扑克牌，用秒表记录下你所记忆的时间，同时要用一个专门的本子来记录自己当天的成绩；

第四步：训练标准就是当天至少训练两次以上，如早晚各一次，并对比成绩。

上面的训练每天大概只需用30分钟就可以做到了，只要坚持训练一个月，你就会发现大脑的灵敏度开始发生变化了，记忆任何信息的能力及自信心都会有出乎意料的提高。

我们在训练的时候，可以找各种机会，让身边的朋友或者家人来考考自己，让他们也来分享我们那种突破自我的喜悦吧。有了一点的基础后，在人前可以时常表演自己的记忆力，这样也能让我们得到更大的自信。

第六堂课——单词记忆

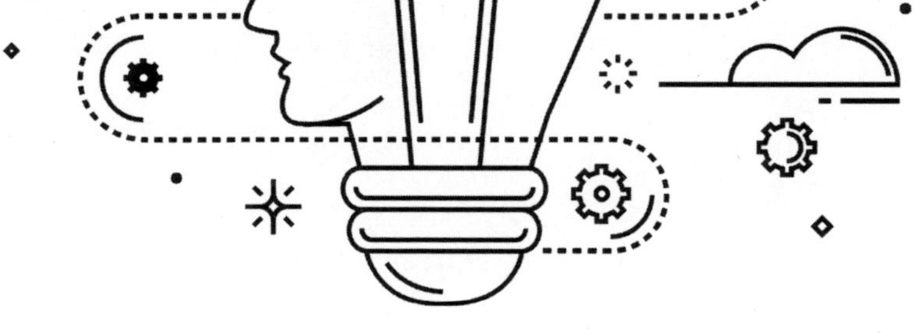

重新定义“背单词”

对于每一个中学生或大学生来说，背英语单词真是再熟悉不过。有些学生背单词喜欢用笔，他们准备很多白纸，花大量时间反复写同一个英语单词。这不是一个好的方法。倘若不信，在本子上连续写50遍你的姓名，你会发现你写得越多，这些字越不像你的姓名。更重要的是，在这个过程中，你的注意力很难集中。注意力是一切记忆的基础，没有注意力肯定就没有记忆力。

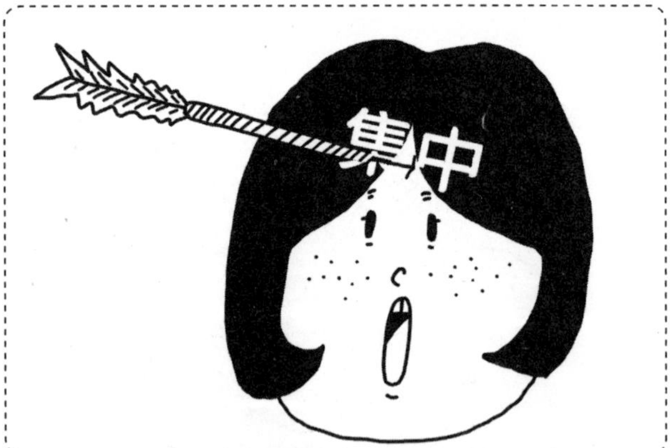

另一种背单词的常见方法是反复地读。在背单词的过程中，我们不能否认，读和写都是有一定作用的。但对于大部分学生来说，在读和写的过程中注意力难以集中是最大的问题。只有注意力集中，读和写的作用才能充分发挥，记忆的联结才能发生。

以上两种背单词的方法都是很普遍的。

这里我们要学习新的背单词的理念和方法，首先我们要给“背单词”

下一个定义。就像定义什么是“记忆”一样，看起来容易，真要定义可就难了。我们如何给背单词下定义呢？

我们先来看看，一个英语单词有几个重要的元素。就拿英语单词memory为例，重要元素如下：

◎拼写

◎读音

◎中文意思

记忆即联结，而所谓背单词，就是把这三个重要元素联结起来。也就是说，在背单词中，我们所做的一切就是把三个重要元素联结起来。当然，我们可以引入一系列技巧来帮助我们构建联结。总之，从这个定义出发，我们背单词的效率就会有一个根本性的改变。

背单词的最大阻碍

当我们要记住一个什么内容时，就是把这个内容与熟悉的内容联结起来。而现状是几乎每个学生背单词，就是机械地写或读，把想象力放置在一旁。这样的效率是可想而知的。很多人一开始都是非常希望能学好英语的，但是大部分人都不能持续地用心去学，特别是背单词。这一点并不奇怪，没有人能持续忍受机械重复所带来的乏味感，很多兴趣都在这种乏味和挫败中遗失殆尽。

英语词汇数量巨大，如果没有适当的记忆方法，想在词汇量上有所突破

是困难的。不少语言专家都强调“四多”的重要性，这四多是：多听、多说、多读、多写。我们每个人都知道这是绝对正确的，但是大多数人都不能做到这“四多”。为什么？

我认为，背单词的最大阻碍是只知道一种记忆方法，那就是机械记忆。背少量单词用机械记忆是容易的，但对于大量的单词，机械记忆所产生的乏味会分散你的注意力，机械记忆所带来的高遗忘率也会让你不断产生挫折感，总之，它会彻底打击你学好英语的信心。

信心

请问你曾在一天中最多背过多少单词？30？40？50？这是你的最高纪录吗？这将是你一生中的最高纪录吗？如果不是，那么你一生中一天最多能背多少单词？

我们每个人都有过在中学学英语的经历，老师告诉我们一天背一个单词，六年就背了2000多个，可老师少说了一句话：一天可以忘记100个！就我本人中学学习的经历，我在这里要指出中学英语老师普遍存在的两个问题：没有教给学生具体的背单词的方法；没有让学生看到快速背单词的可能性。

不少学生到了大学，极不适应大学里的英语学习，面对大量的词汇一下就吓傻了他们。他们很难相信一天可以背100个，甚至200个单词。而我们都知道，在大学里，英语要过四级、六级，词汇是第一关。

两周能背2000个英语单词吗？这个问题没有标准答案。当你给出否定答案时，我建议你还是把这本书送给别人吧，因为你已经在信心方面一败涂地。我想告诉你的是，现在已经有成千上万个学生都证明了他们完全可以。你说能，你说不能，你都是对的，同时你将会得到不同的结果。

“我的记忆力不好！”——你是否也听别人说过同样的话？现实生活中许多人对自己的记忆力没有信心，不管年龄、文化背景及生活环境。但我要告诉你一个事实：当今世界记忆高手也都有过类似的经历——曾经为记忆力不好而苦恼。我本人也如此。从中学乃至大学，记忆力不好一直以来是我的阴影，尽管钟情于文科，但因为记忆力不太好，而在高考时选择了理科。上了大学，记忆力的弱势依旧在影响着我，背单词、背课文或背一切学习资料都让我倍感吃力，但是经过一段时间的专业训练，这个问题已经迎刃而解。

时间

我要给你一道选择题，弄明白这道题目的内涵，就会在你以后的学习上有一个很好的指导作用。

记忆一个单词有如下两种方法，请问你选择哪一个？

◎一次性花半个小时记忆，在三年内都不会再见到它。

◎每次花一分钟记忆它，每月记忆一次，三年内记忆30次。

我知道聪明的你一定会选择第二个答案，而我要问的是在现实生活中，你的学习方式是选择哪种呢？在记忆单词的时候你真的一直是选择第二种方式吗？

有不少人曾向我请教如何加快记忆每一个单词的速度？这确实是一个很好的问题。在我的研究中发现，背单词速度慢的一个主要原因是：花太多时间在一个单词上。当花太多时间在一个单词上时，你将没有足够的时间去记忆别的单词，同时你还要不断承受自己注意力难以集中的压力。花太多时间并不能保证记忆深度，但注意力难以集中是肯定的，而且记忆太慢根本不能让你体验到本应该获得的成就感。在这里，我建议你在记忆单词或记

忆任何资料时，身边一定要有一个伴，那就是秒表。通过计时，可以让你的注意力更加集中。

在现实中选择第一个答案的人，往往是没有合理地安排一个计划。计划，对于短时间内背诵大量的英语单词是十分重要的，它可以让我们免于因急于求成而心中急躁。我接触过不少大学生，他们花在背单词上的时间不少，但在背单词之前并没有认真思考过时间的合理分配计划，背背停停，停停背背，最后浪费了不少时间，但成效却甚微。

记住：你不必为一个单词花太多时间，你必须为一个单词多次花时间！

破除无效果的信念

我们在成长过程中会获得一些信念，这些信念会在内心深处影响着我们。有些看似非常正确的方法，一旦脱离实际和对象，可能就大错特错了。“英语单词应该这样背：每天背5个，一年就背下1800个，6年可背一万多，一次背太多是记不住的，所以记忆讲究循序渐进。”

很多人都赞成这样的信念，背单词应该循序渐进。但是这种方法给我们的效果是什么呢？我还没听说过有人能每天背5个单词并持续六年如一日的。太多的学生都是在这样一种信念的指导下记忆单词的，然而现实却是很多学生在经过十几年的英语学习后，词汇量却不过4000个。很多人背单词总是半途而废的一个重要原因，就是听信了这种看似很有道理、实则错误的信念，尤其是对于上了高中或是上了大学而英语词汇量却少之又少的同学。

破除无效果的信念，让我们选择新的方式。实际的效果应该引发我们的反思：一天背5个单词，第二天忘了3个，第三天又忘了2个，时间就在背了忘、忘了背之间消耗着。当学习的周期被无限延长的时候，人的学习欲望和自信心都会被慢慢地消耗掉，直至学习者彻底放弃。

对一个学习英语的学生而言，单词量是一个必要的条件，同时也是最痛苦和艰巨的关口。能否以最快的速度迅速地扫除其词汇障碍，是成败的关键。值得庆幸的是，本书中的方法已经被充分证明：可以让读者背单词的痛苦减少到最小，并且遗忘率大幅度降低。最重要的是，本书可以让读者靠着一开始时的那种强烈的兴趣、信念和希望来支撑，在20多个小时中快速记忆大量的英语单词。用传统的方法背如此众多的单词，这个过程肯定会拖很久，而在学习中也会遇到巨大的障碍和挫折感，继而对学习英语本身失去兴趣。特别提醒大家注意的是，挫折感是背单词的最大敌人！

想提高背单词的效率，在短时间内背大量的单词，定一个计划是必不可少的。可是如果这个计划的时间太长，以致学习者兴趣渐消、惰性滋生、遗忘攀升，就难以把这个计划实施下去。这就是很少有人能坚持6年，每天背5个单词的原因。

记忆的秘密

哪些材料容易记忆？哪些材料容易遗忘？以艾宾浩斯为首的心理学家曾对遗忘进行多年研究，发现遗忘主要受到记忆材料的性质这一因素制约。学习者对于没有重要意义的、不感兴趣的、不需要的材料的遗忘速度最快，而对于重要的、有意义的、感兴趣的材料遗忘较慢。在所有材料中，对于无意义音节的遗忘速度是最快的。当年艾宾浩斯做实验时，就是用随机字母拼出的无意义音节。

从这里我们可以看出，为什么很多人不爱背单词。因为一个陌生单词里的字母组合对于我们来说是没有意义的，传统的方法要求我们通过机械背诵来记住它们，无休止的机械重复再加上较高的遗忘率会让大多数的人对记忆单词彻底失去兴趣和信心。世界各国记忆高手对记忆方法的总结是简单的一句话：如果你想记住什么，你要做的就是将它与已记住的东西联系起来。这给我们很多启示：如何把看似没有任何意义的英语单词与我们已知的事物进行联系！本书正是利用一些技巧，让没有意义的单词与我们已知的事物紧密相连的。这不仅是记忆单词的方法，这也是解决所有记忆问题的关键。

密码记忆法

abroad ad.到国外；在国外

aboard ad.在船（车）上；上船

有许多大学生，包括一些过了英语四级的大学生，他们都容易混淆上面的两个单词，因为它们实在是太相像了。现在我会提供一种记忆方法来记忆，同时也能比较容易区别它们。

abroad ad.出国；在国外

a 一个 b [拼音] 不 road 路

联结起来就是：出国是一条不归路。

tame a.驯服的；驯养的

tam 拼音 天安门

e 拼音 鹅

天安门上有许多被驯服的鹅，它们向游客点头致意。

thunder n.雷 vi.打雷 vt.吼出

th 拼音 天河

under 在下面

天河下面雷声在吼。

baffle vt.使困惑，难住

ba 拼音 爸

ff 拼音 发疯

le 拼音 了

爸爸发疯了，使儿子很困惑。

谐音记忆法

记忆即联结，只要能建立有效的联结，就能很好地记住。在现实生活中，通过声音的联结模式能很好地帮助我们记忆。几乎每个学生都曾用过谐音来记忆一些事物，我们每个人都可以通过一定的练习，提高我们建立谐音方面的技能。如果能够熟练掌握谐音记忆法的技巧，我们就架起了通往高效记忆的桥梁。

能够快速谐音的人往往记忆力都特别好，智商也比较高。同时我们也发现，有一小部分人，非常难接受利用谐音记忆事物，这往往是因为过去少用谐音或在编写谐音方面有难度。有志于全面提升记忆力的读者，请务必多练习编写谐音的技巧。这里我们将共同来探讨利用谐音记忆英语单词的技巧。

envelope n.信封；封套；封皮

【谐音】安慰老婆——写封信安慰老婆。

ambition n.雄心，抱负，野心

【谐音】俺必胜

雄心和抱负使得俺必胜。

ambulance n.救护车；野战医院

【谐音】俺不能死——快叫救护车!

crystal n.水晶；晶粒 a.清澈透明的，晶体的

【谐音】贵石头

水晶就是贵石头（水晶是一种矿石）。

羊肉串记忆法（关键点记忆法）

在教授记忆术的过程中，我得以接触大量的学生，他们中的一部分，特别害怕背英语单词。有些高中生，别的科目成绩不错，但英语成绩极差。还有些连高考词汇表里的一大半单词都不认识。他们背单词的障碍甚至严重影响了自己的学习信心，尽管他们很聪明。

记得有一个高中生，在课程开始的测试中，词汇量达不到高考词汇表中的10%。而在学习记忆术的过程中，表现优秀。后来，在课程结束后的两个星期内，他成功地把高考词汇表上的两千多个单词全部背完。聊天中，我才认识到他的问题。他很聪明，但他对学校里墨守成规的学习模式非常反感，他忍受不了英语单词的死记硬背，忍受不了千篇一律的作文模式。他非常喜欢记忆术中的一些理念，特别是灵活处理信息的技巧。我很高兴地看到，他现在对高考充满了信心。

英语单词记忆中的谐音记忆法和密码记忆法，我称它们是记忆术中的微观记忆技巧。对于解决局部细节（在英语单词记忆中就是单个单词），它们的优点是显而易见的。接下来，我要向各位介绍记忆术中的宏观记忆技巧——关键点记忆法。在记忆英语单词的时候，我还称其为羊肉串记忆法，因为这种方法主要用于一次记忆多个单词，就像把多块羊肉串起来一样。我们还是通过一系列的实例来学习这种方法吧。

我们在记忆英语单词的时候，都习惯于一个字母一个字母地记忆，很少会以词或字母组合为单位记忆。在这里我们要打开视野，学习以词或字母组合为单位，一组一组地记忆英语单词。英语单词数目庞大，但是构成单词的字母就是那26个，这就必然会出现很多词形类似的单词，例如：

all / ball call fall hall mall tall wall

are / bare care dare fare hare mare rare ware

ear / bear dear fear gear hear near rear tear wear year

ell / bell cell hell sell tell well yell

ill / bill fill hill kill mill pill till will

通过以上的例子，我们都能明白，英语词汇中的形似词无处不在。一个单词一个单词地记忆，必然会导致时间和精力的浪费。如果我们能以词为单位的记忆，加上一定技巧（这点很重要，否则容易混淆），在记忆英语单词上，必然会取得更大进步。如果仅仅只是根据相似形进行记忆，这里面会有一个很重要的问题，那就是这些词语很容易混淆。所以一定要加上必要的技巧来区分它们的不同之处，这样效果才会好。它们的这个不同之处，我称它们为关键点，因为能否记住单词或能否有效区分它们是最关键的。用于区分关键点必要的技巧是什么呢？我们会在下面的内容中分享这些技巧。

★实战一

angle 角；角度

bangle 手镯；脚镯

dangle 悬挂

fangle 新款式；新发明

jangle 发出刺耳的声音

tangle 纠缠

entangle 使纠缠

untangle 解开

wangle 使用策略；使用诡计

twangle 口音；鼻音

bangle 手镯；脚镯

b 拼音 臂

手臂上戴着手镯。

dangle 悬挂

d 拼音 吊

吊即悬挂的意思。

fangle 新款式；新发明

f 拼音 发

发 发明 新发明。

jangle　　发出刺耳的声音

j 拼音 尖

尖 尖叫 发出刺耳的声音。

tangle　　纠缠

谐音 探戈

跳探戈的人们纠缠在一起。

entangle　　使纠缠

en-前缀，表“使……”

使纠缠。

untangle　　解开

un-前缀，表“反义”

解开。

纠缠与解开互为反义词

wangle　　使用策略；使用诡计

w 拼音 我

我使用策略的时候，有人说我使用诡计。

twangle　　口音；鼻音

tw two 两个声音，一个口音，一个鼻音

★实战二

berry n.浆果（如草莓等）

cherry n.樱桃；樱桃树

merry a.欢乐的，愉快的

lorry n.运货汽车，卡车

berry b 拼音 暴

cherry ch 拼音 秤

merry m 拼音 妈

lorry lo 数字 10

暴吃家族

暴吃许多berry（浆果）

秤得几斤cherry（樱桃）

妈妈吃得merry（快乐的）

再买10车lorry（卡车）

现在没货 sorry

稍等不要 worry

上面一个例子中，我们编写了一首歌谣，歌谣也是非常有助记忆的手段，也充满乐趣。

第七堂课——文章记忆

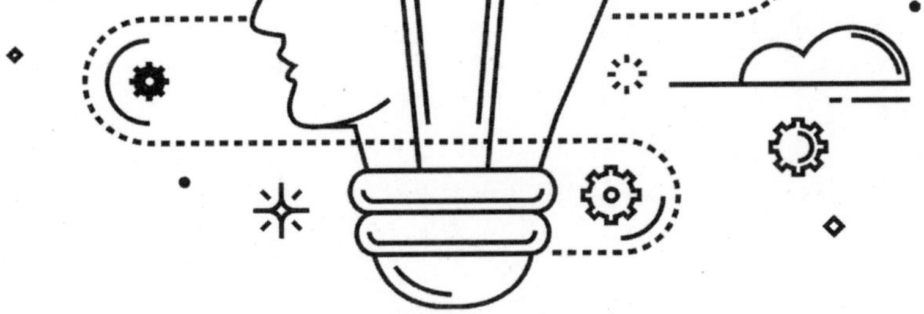

文章记忆是记忆法里最重要的应用，要求比较高。需要左右脑分工合作，综合使用文章整理技巧和灵活运用各种记忆方法。总的来说可以分为两大步骤：整理和记忆。整理的过程，是把文章从厚读成薄的过程；记忆则是把书从薄读成厚的过程。

记忆整篇文章主要用到定桩法、串联法以及两种方法的结合使用。用这几种方法我们可以迅速和牢固地一字不漏记忆诗歌、古文、文字段落以及整篇文章。下面我们来看下关于记忆文章的步骤：

①熟读原文；

②提取关键字（关键词）；

③图像化关键字（关键词）；

④回溯关键字（关键词）；

⑤串联法或是定桩法进行编码记忆；

⑥根据编码回忆原文；

⑦复习；

⑧脱桩。

文章举例说明：

《葛底斯堡演说》，全文不含空格共526字。

葛底斯堡演说

亚伯拉罕·林肯

87年前，我们的先辈们在这个大陆上创立了一个新国家，它孕育于自由之中，奉行一切人生来平等的原则。现在我们正从事一场伟大的内战，以考验这个国家，或者任何一个孕育于自由和奉行上述原则的国家是否能够长久存在下去。我们在这场战争中的一个伟大战场上集会。烈士们为使这个国家能够生存下去而献出了自己的生命，我们来到这里，是要把这个战场的一部分奉献给他们作为最后安息之所。我们这样做是完全应该而且是非常恰当的。

但是，从更广泛的意义上来说，这块土地我们不能够奉献，不能够圣化，不能够神话。那些曾在这里战斗过的勇士们，活着的和去世的，已经把这块土地圣化了。这远不是我们微薄的力量所能增减的。我们今天在这里所说的话，全世界不大会注意，也不会长久地记住，但勇士们在这里做过的事，全世界却永远不会忘记。倒是我们这些还活着的人，应该在这里把自己奉献于勇士们已经如此崇高的向前推进但尚未完成的事业，倒是我们应该说在这里把自己奉献于仍然留在我们面前的伟大任务——我们要从这些光荣的死者身上汲取更多的献身精神，来完成他们已经完全彻底为之献身的事业：我们要在这里下定最大的决心，不让这些死者白白牺牲，我们要使国家在上帝福佑下得到自由的新生，要使这个民有、民治、民享的政府永世长存。

1863年11月19日

★第一步：快速看或读一两遍，断句并编号

1.87年前，我们的先辈们在这个大陆上创立了一个新国家。

2.它孕育于自由之中，奉行一切人生来平等的原则。

3.现在我们正从事一场伟大的内战，以考验这个国家。

4.或者任何一个孕育于自由和奉行上述原则的国家是否能够长久存在下去。

5.我们在这场战争中的一个伟大战场上集会。

6.烈士们为使这个国家能够生存下去而献出了自己的生命。

7.我们来到这里，是要把这个战场的一部分奉献给他们作为最后安息之所。

8.我们这样做是完全应该而且是非常恰当的。

9.但是，从更广泛的意义上来说，这块土地我们不能够奉献，不能够圣化，不能神话。

10.那些曾在这里战斗过的勇士们，活着的和去世的，已经把这块土地圣化了。

11.这远不是我们微薄的力量所能增减的。

12.我们今天在这里所说的话，全世界不大会注意，也不会长久地记住。

13.但勇士们在这里做过的事，全世界却永远不会忘记。

14.倒是我们这些还活着的人，应该在这里把自己奉献于勇士们已经如此崇高的向前推进但尚未完成的事业。

15.倒是我们应该说在这里把自己奉献于仍然留在我们面前的伟大任务。

16.我们要从这些光荣的死者身上汲取更多的献身精神。

17.来完成他们已经完全彻底为之献身的事业。

18.我们要在这里下定最大的决心，不让这些死者白白牺牲。

19.我们要使国家在上帝福佑下得到自由的新生。

20.要使这个民有、民治、民享的政府永世长存。

断句一般要求长短差不多。大部分句子的长度不超过20个字，能形成一个相对完整的意思。

★第二步：确定桩子以及数量

桩子：可以是数字桩、地点桩、身体桩、人物桩、熟语桩。

数量：因为断句成20个句子，所以我们要用20个桩子。

那我们就将身体桩和人物桩加在一起20个桩来用一下：

1~12我们用自己身体的部位来做桩子。

身体桩顺序：

1.头发。

2.眼睛。

3.鼻子。

4.嘴巴。

5.耳朵。

6.脖子。

7.肩膀。

8.手掌。

9.肚子。

10.屁股。

11.膝盖。

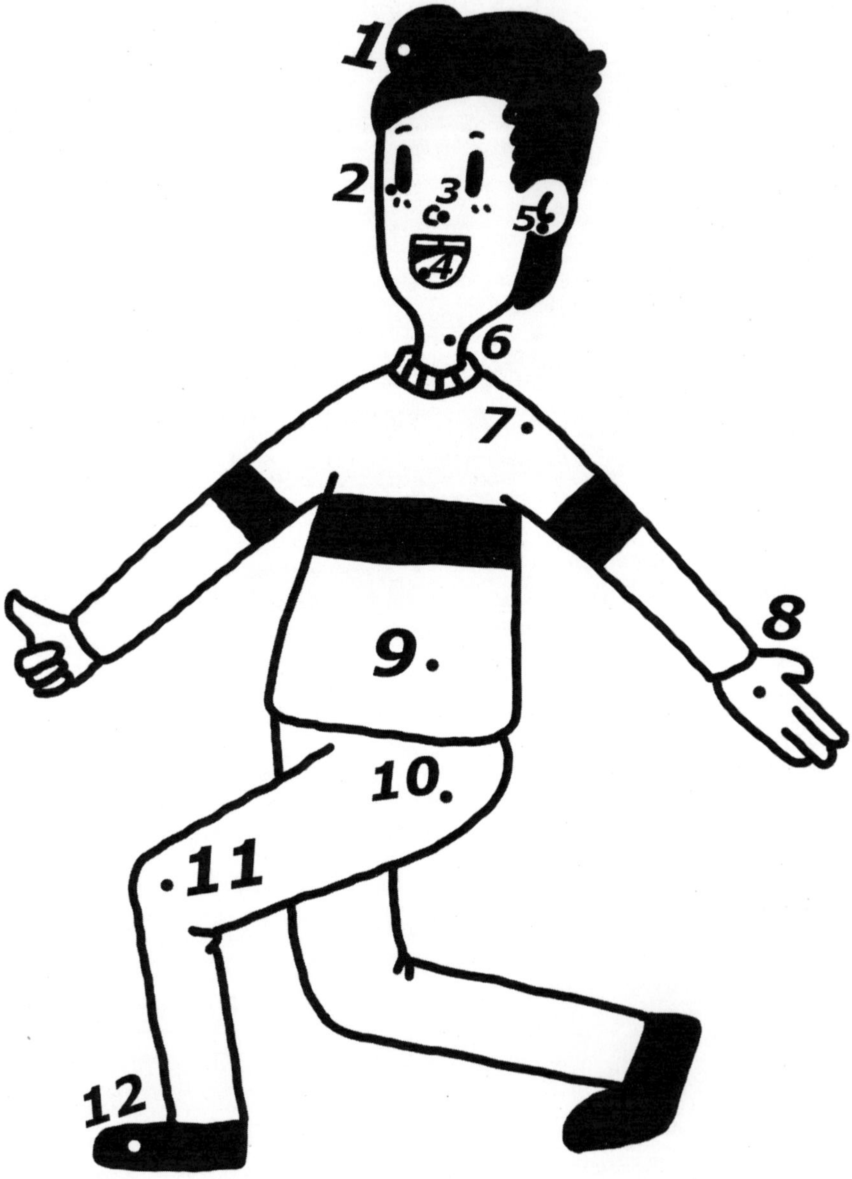
1
2
3
4
5
6
7
8
9
10
11
12

12.脚掌。

13～20我们用西游记的人物来做桩子。

人物桩顺序：

13.如来。

14.观音。

15.太上老君。

16.唐僧。

17.孙悟空。

18.猪八戒。

19.沙僧。

20.白龙马。

上面这20个桩子的顺序其实不难记，身体桩是由上至下的顺序，而人物桩是我们很熟悉的西游记里的人物，所以并不难记。一遍下来，大部分人都可以记住。

★第三步：句子左边写上对应桩子，并提取关键字（关键词）或简化句子

1.头发：87、先辈们、大陆、新国家。

2.眼睛：孕育、自由、奉行、平等、原则。

3.鼻子：从事、伟大、内战、考验、国家。

4.嘴巴：孕育、奉行、国家、存在。

5.耳朵：战场、集会。

6.脖子：烈士、国家、献出、生命。

7.肩膀：战场、奉献、安息之所。

8.手掌：这样做、应该、恰当。

9.肚子：土地、奉献、圣化、神话。

10.屁股：勇士们、土地圣化。

11.膝盖：力量、增减的。

12.脚掌：所说的话、全世界、注意、记住。

13.如来：做过的事，全世界、忘记。

14.观音：活着的人、奉献、推进、未完成、事业。

15.太上老君：奉献、伟大任务。

16.唐僧：死者、汲取、精神。

17.孙悟空：完成、事业。

18.猪八戒：决心、死者、牺牲。

19.沙僧：我们、上帝、新生。

20.白龙马：民有、民治、民享、政府长存。

关键词的提取时不但应考虑原句意思，也要考虑和桩子联结的难易程度，所以要先把桩子写在左边，以便决定取舍。

★第四步：部分关键字（关键词）图像化和进一步简化

1.头发：87、先辈们、大陆、新国家（87谐音霸气）。

2.眼睛：孕育、自由、奉行、平等、原则（简化成：银瓶子密封平原）。

3.鼻子：从事、伟大、内战、考验、国家（简化成：从未沾烤锅）。

4.嘴巴：孕育、奉行、国家存在（简化成：阴风国家存在）。

5.耳朵：战场、集会。

6.脖子：烈士、国家、献出、生命（简化成：列国先生）。

7.肩膀：战场、奉献、安息之所。

8.手掌：这样做、应该、恰当（应该、恰当简化成：饮茶）。

9.肚子：奉献、圣化、神话（圣化：花生；神话：电影名字）。

10.屁股：勇士们、土地圣化。

11.膝盖：力量、增减的（增减：证件）。

12.脚掌：所说的话、全世界、注意、记住（注意记住：竹椅祭祖）。

13.如来：做过的事、永远、忘记（永远忘记：泳圈玩具）。

14.观音：活着的人、奉献推进、未完成、事业（奉献：风险；推进、未完成、事业："退进魏王城撕页"）。

15.太上老君：奉献、伟大任务（奉献：缝线；伟大任务：伟大人物）。

16.唐僧：死者、汲取精神（汲取精神：脊髓）。

17.孙悟空：完成、事业（事业："师爷"）。

18.猪八戒：决心、死者、牺牲（转换为：街心、死者、笑声）。

19.沙僧：我们、上帝、新生（新生："新生儿"）。

20.白龙马：民有、民治、民享、政府长存（民治、民享：纸箱；政府长存：征服长城）。

抽象转具象，是记忆的基本功，这里综合使用基础记忆技巧进行简化和转换。这里只是转换了一部分抽象词，体现了灵活这一记忆原则，在文章的记忆中，不必每个抽象词都要转化成图像，只要联结容易形成清晰的情景就可以了。

★第五步：定桩联结记忆

1.头发：很多头发非常霸气地笼罩在先辈们的大陆上创立了新国家。

2.眼睛：眼睛看到一只银瓶子密封平原。

3.鼻子：从未沾火锅的鼻子。

4.嘴巴：嘴巴里吹阴风，国家才能存在。

5.耳朵：耳朵听到战场上有集会。

6.脖子：列国先生的脖子很长。

7.肩膀：战场上有奉献的人都有肩膀作为安息之所。

8.手掌：手掌拿起杯子饮茶。

9.肚子：奉献花生给肚子成为神话。

10.屁股：勇士们用屁股坐在土地上吃花生。

11.膝盖：膝盖产生很大的力量跪在证件上。

12.脚掌：脚掌站稳后所说的话，就能让全世界的人坐竹椅祭祖。

13.如来：如来变出泳圈玩具。

14.观音：观音退进魏王城里撕页。

15.太上老君：太上老君给伟大人物缝线。

16.唐僧：唐僧在死者身上汲取脊髓。

17.孙悟空：孙悟空法术完胜师爷。

18.猪八戒：猪八戒在街心倾听死者的笑声。

19.沙僧：我们的上帝保佑沙僧生个新生儿。

20.白龙马：白龙马驼着纸箱征服长城。

请大家在记忆的时候尽量出现清晰的图像，配合自己的六感。

★第六步：根据桩子回忆

回忆第五步的联结，再回忆还原第三步提取的关键字（关键词）或简化句子，如果发现忘记了哪个环节，再去加强原来的记忆，把原来的图像再清晰化，完善记忆。

★第七步：根据关键字用自己的话还原全文（注意：用自己的话）

根据关键字（关键词）和开始通看时对原文的印象，用自己的话复述原文，充分利用左右两脑的功能。

★第八步：修正到一字不差

用自己记住的句子和原文进行对照，再加强和修正自己的记忆，力求做到一字不差把原文全部背诵出来。